Outplacement

von
Daniela Lohaus

HOGREFE

GÖTTINGEN · BERN · WIEN · PARIS · OXFORD · PRAG · TORONTO
CAMBRIDGE, MA · AMSTERDAM · KOPENHAGEN · STOCKHOLM

Prof. Dr. Daniela Lohaus, geb. 1966. Studium der Betriebswirtschaftslehre und der Psychologie in Mainz, Gießen und Nottingham. Promotion 1998. Umfangreiche Unternehmenserfahrung mit Personalauswahl, Personal- und Organisationsentwicklung bei internationalen Beratungsunternehmen und als selbständiger Consultant. Zertifizierter systemischer Coach. Seit 2004 Professorin für Personal und Organisation sowie Organisationspsychologie an der Hochschule für Technik in Stuttgart.

Bibliografische Information der Deutschen Nationalbibliothek

Die Deutsche Nationalbibliothek verzeichnet diese Publikation in der Deutschen Nationalbibliografie; detaillierte bibliografische Daten sind im Internet über http://dnb.d-nb.de abrufbar.

© 2010 Hogrefe Verlag GmbH & Co. KG
Göttingen · Bern · Wien · Paris · Oxford · Prag · Toronto
Cambridge, MA · Amsterdam · Kopenhagen · Stockholm
Rohnsweg 25, 37085 Göttingen

http://www.hogrefe.de
Aktuelle Informationen · Weitere Titel zum Thema · Ergänzende Materialien

Umschlagabbildung: Jens Schmidt–Fotolia.com
Satz: Grafik-Design Fischer, Weimar
Druck: AZ Druck und Datentechnik GmbH, Kempten
Printed in Germany
Auf säurefreiem Papier gedruckt

ISBN 978-3-8017-2210-4

Inhaltsverzeichnis

Karten

Nutzen von Outplacement

Checkliste zur Auswahl von Outplacementberatungen

Berechnungsbeispiel für die Kosten von Einzeloutplacement

1   Outplacement: Konzept und Bedeutung

Der Zufall begünstigt den, der sich vorbereitet.
Louis Pasteur

Ein ehemaliger Abteilungsleiter eines Chemiefaserproduzenten berichtet:

„Als ich meinem früheren Vorarbeiter Walter M. zufällig begegnete, fragte ich ihn natürlich, wie es ihm nach der betriebsbedingten Kündigung ergangen war, die auch mich und zwei weitere Führungskräfte getroffen hatte. Ich wusste, er hatte zusammen mit 60 weiteren Tarifangestellten an einem Gruppenoutplacement teilgenommen, während meinen beiden Kollegen und mir jeweils ein Einzeloutplacement spendiert wurde. Er habe schon nach drei Monaten wieder eine neue Stelle gefunden, erzählte er, die ihm sogar besser zusage als der Job, den er früher hatte. Dabei hätten ihm die Tipps, das fünftägige Training und die späteren Einzelberatungen durch die Outplacementberater sehr geholfen. Er wisse aber auch von anderen, die bis heute noch keinen neuen Arbeitgeber gefunden hätten. Nachträglich sei er dem Betriebsrat dankbar, dass dieser für die betroffenen Mitarbeiter eine etwas niedrigere Abfindung akzeptiert und dafür die für viele erfolgreichen Beratungs- und Trainingsleistungen eingekauft habe. Und er fände es aus heutiger Sicht auch positiv von seinem früheren Unternehmen, sich mit dem Outplacementangebot für die Neubeschäftigung ehemaliger Mitarbeiter eingesetzt zu haben. Er wollte dann verständlicherweise wissen, wie mein Einzeloutplacement abgelaufen sei. Ich erzählte, wie sehr es meine beiden Kollegen und mich beruhigt hatte, zu erfahren, dass die von dem für uns ausgewählten Outplacementunternehmen in der Vergangenheit beratenen Führungskräfte zu 90 % innerhalb eines Jahres eine neue Beschäftigung gefunden hätten, die mindestens der früheren vergleichbar gewesen wäre. Es sei allerdings darauf angekommen, der verlorenen Position nicht lange nachzutrauern, diszipliniert an der Jobsuche zu arbeiten und die Ratschläge und Trainings durch eigene Aktivitäten umzusetzen. Er freute sich zu hören, dass ich nach nur fünf Monaten eine neue Aufgabe mit noch umfangreicherer Personalverantwortung gefunden hatte."

Walter M.s Erfahrungen und die seines früheren Vorgesetzten sind ein gutes Beispiel dafür, dass Outplacement das Gegenteil von unternehmerischer Gleichgültigkeit sein kann und dass die guten Chancen für einen erfolgreichen Neubeginn dieses personalpolitische Instrument auch aus der Sicht der betroffenen Mitarbeiter empfehlenswert machen.

1.1 Einführung

Outplacement als mitarbeiter-orientierter Ansatz ist auch für Unternehmen hoch attraktiv

Outplacement, die Unterstützung von freigesetzten Mitarbeitern durch das entlassende Unternehmen dabei, eine neue Stelle zu finden, ist ein immer häufiger eingesetztes personalpolitisches Instrument. Im Hinblick auf den in den nächsten Jahren zu erwartenden Fachkräftemangel müssen die Unternehmen besonders daran interessiert sein, auch bei temporärem Personalabbau als Arbeitgeber prinzipiell attraktiv zu bleiben. Outplacementmaßnahmen leisten mit ihrem erkennbar mitarbeiterzentrierten Ansatz dazu einen nicht zu unterschätzenden Beitrag. Sie sind darüber hinaus auch eine finanziell attraktive Alternative zu traditionellen Sozialplänen. Deshalb wird die Bedeutung von Outplacement in Zukunft noch wachsen. Andererseits gibt es für die Personalverantwortlichen in Unternehmen kaum Handreichungen, in denen sie sowohl nachprüfbare Argumente für diesen Ansatz finden als auch Anleitungen zur Vorgehensweise für den Einsatz von Outplacement entnehmen können. Das vorliegende Buch schließt diese Lücke in der HR-Literatur und bietet dem Praktiker zum ersten Mal theoretisch fundierte Begründungen zur Gestaltung des Outplacements zusammen mit direkt umsetzbaren Maßnahmenvorschlägen.

In diesem Buch wird zunächst der Begriff Outplacement definiert und von anderen Konzepten abgegrenzt sowie der Nutzen für die Beteiligten erläutert. Anschließend werden die theoretischen Grundlagen von Outplacement dargestellt. Kapitel 3 beschäftigt sich mit den Formen von Outplacement und thematisiert Kosten und Entscheidungen, die im Zusammenhang mit Outplacement stehen. In Kapitel 4 wird der Prozess der Outplacementberatung ausführlich beschrieben, so dass auf dieser Basis Outplacementmaßnahmen konzipiert werden können. Entstehung, Ablauf und Ergebnisse eines realen Gruppenoutplacements werden im fünften und letzten Kapitel vorgestellt.

1.2 Definition und Ziele von Outplacement

Der Begriff Outplacement kommt aus dem Englischen und bedeutet wörtlich „Rausplatzierung". Aufgrund dieser negativen Konnotation wird er von verschiedenen Autoren (z. B. Andrzejewski, 2008; Hofmann, 2001; von Rundstedt, 2006) kritisiert. Andrzejewski (2008, S. 107 f.) beispielsweise schreibt: „Nach Äußerungen von Gekündigten, die oft nicht des Englischen mächtig sind, wird der Begriff als verletzend, despektierlich und erniedrigend empfunden. Sie sind out – weg vom Fenster. Und Out bedeutet so viel wie alt, verschlissen, nicht mehr zeitgemäß, arbeitslos. In diesem Bewusstsein ist die Verwendung des Begriffs kein Beitrag von Trennungs-Kultur, weil er die Empfindungen von Menschen verletzt."

2

Auch von Rundstedt (2006) empfindet ihn nicht als schön, hält ihn aber aufgrund der Verbindung der Trennung vom alten Arbeitgeber und der Platzierung bei einem neuen Arbeitgeber für zutreffend. Synonyme für Outplacement, die immer wieder auftauchen, vor allem, um die Silbe „out" zu umgehen, sind „Executive Placement, Placement, Coaching into new jobs, Coaching out of the job, Career Continuation, Career Counseling, Outplacement Counseling, Relocation Counseling, Reemployment und Transition Counseling" (Hofmann, 2001, S. 328; vgl. auch Mayrhofer, 1989) oder auch Inplacement und Newplacement (vgl. Kieselbach, Beelmann, Mader & Wagner, 2006; von Rundstedt, 2006). Bisher hat sich kein deutscher Begriff durchsetzen können, der diese Personaldienstleitung bezeichnet.

Verschiedene Begriffe

Andrzejewski (2008) schlägt eine zweigeteilte Betrachtung des Trennungs- und Neuorientierungsprozesses und damit einhergehende Bezeichnungen vor. Seiner Ansicht nach bezieht sich Outplacement auf die Phase vor der Kündigung, in der sich die Unternehmensleitung entscheidet, Personal abzubauen und die betroffenen Personen ausgewählt werden. Die Beratung des Gekündigten zur beruflichen Neuorientierung findet nach der Kündigung statt und sollte folglich auch als „Newplacement" bezeichnet werden. Dieser Ansicht wird hier nicht gefolgt, weil das primäre Ziel der Unternehmensleitung, die die Outplacementmaßnahme anstößt, die Trennung von den Mitarbeitern ist und nicht deren Neuplatzierung. Von Rundstedt (2004) weist zudem darauf hin, dass eine erfolgreiche Neuorientierung eine Verarbeitung der Trennung vom vorherigen Unternehmen voraussetzt. Außerdem ist der Begriff inzwischen im Markt etabliert und akzeptiert, so dass er auch für diesen Beitrag beibehalten wird.

Outplacement bezeichnet Ziele aus Unternehmenssicht

Je nachdem, welche Quelle herangezogen wird, finden sich unterschiedliche und vor allem unterschiedlich umfassende Definitionen von Outplacement. Typischerweise beinhalten die Beschreibungen dieses personalpolitischen Instruments die folgenden Aspekte:

Komponenten von Outplacementdefinitionen
– Ziele: wozu wird das gemacht? – Zielgruppe: wer erhält die Leistung? – Inhalte: was wird gemacht? – Anbieter: wer bietet die Leistung an/führt das Outplacement durch? – Finanzierung: wer bezahlt die Leistung?

Tabelle 1 bietet einen Überblick über die von den verschiedenen Autoren vertretenen Positionen. Leere Felder bedeuten, dass zu dem betreffenden Aspekt keine explizite Aussage gemacht wurde.

Tabelle 1:

Definitionskomponenten für Outplacement nach Autoren

Autor	Andrzejew-ski (2008)	Berg-Peer (2003)	Heizmann (2003) mit Bezug auf v. Rund-stedt (1999)	Hofmann (2001)	Nadig & Reemts Flum (2008)	v. Rund-stedt (2006)
Ziele	Berufliche Neuorientierung, Arbeitsplatzbeschaffung	Berufliche Neuorientierung und Suche nach einem neuen Arbeitsplatz	Suche nach neuem Arbeitsplatz, der Qualifikationen und Bedürfnissen des MA entspricht	In neue Beschäftigung transferieren	Neue berufliche Herausforderung bei neuem AG finden oder selbständige Erwerbstätigkeit	Berufliche Neuorientierung
Zielgruppe	Gekündigte	Von Trennung betroffene Arbeitnehmer, alle möglichen Gruppen, vor allem FK	Freizusetzende oder freigesetzte MA	Von Personalabbau betroffene MA	Von Kündigung betroffene Mitarbeitende	Scheidende MA, unbefristetes Programm: nur für FK und Spezialisten
Inhalte	Beratung, Qualifizierung	Prozess der praktischen und psychologischen Unterstützung	Beratung, Unterstützung	Beratungs- und Trainingsleistungen, emotionale und sachliche Begleitung	Dienstleistung	Beratung, nicht Personalvermittlung, sondern Aktivierung
Anbieter	Interne oder externe Berater	BeraterInnen			Spezialisierte Beratungsunternehmen	Erfahrene Personalberater
Finanzierung	AG	AG	AG	AG, i.d.R. durch öff. Mittel kofinanziert	AG	AG

Anmerkungen: MA = Mitabeiter, FK = Führungskräfte, AG = Arbeitgeber

Da keine dieser Definitionen genügend präzise und praktikabel ist, wird für die Zwecke dieses Buchs folgender Begriff von Outplacement zugrunde gelegt:

4

Definition Outplacement

Outplacement ist eine freiwillige Personaldienstleistung für von Personalabbau betroffene Mitarbeiter, die in der Regel vom Arbeitgeber finanziert wird. Sie umfasst die zeitlich befristete beratende und trainierende Unterstützung bei der beruflichen Neuorientierung. Ziel der Maßnahme ist die möglichst rasche Aufnahme einer neuen Erwerbstätigkeit, die den Qualifikationen und Bedürfnissen des Mitarbeiters entspricht.

Definition

Diese Definition wird damit der neueren Entwicklung gerecht, dass nicht nur Führungskräfte und Spezialisten, sondern auch zunehmend Mitarbeiter anderer Hierarchieebenen die Möglichkeit erhalten, an einem Outplacement teilzunehmen. Sie weist auf den Regelfall der Finanzierung durch den Arbeitgeber hin, beschränkt sie aber nicht darauf, weil die Art der Finanzierung nicht wesentlich für den Erfolg der Maßnahme ist. Sie betont die verschiedenen Formen der Beratung, die sowohl Know-know-Transfer vom Berater oder anderen Trainern auf den Klienten als auch die Aktivierung der Selbstmanagement-Fähigkeiten beinhaltet. Dabei ist nicht entscheidend, ob die Berater extern oder intern sind, wichtig ist, dass sie die erforderliche Qualifikation besitzen. Sie lässt offen, ob die neue Erwerbstätigkeit ein abhängiges Arbeitsverhältnis bei einem neuen Arbeitgeber oder eine selbständige Tätigkeit ist, schließt aber nicht den Austritt aus dem Erwerbsleben (z. B. durch Aufnahme eines Studiums oder den Renteneintritt) ein.

1.3 Abgrenzung zu ähnlichen Begriffen

Die verschiedenen Bezeichnungen für die Unterstützung entlassener Mitarbeiter bei der Suche nach einem neuen Arbeitsplatz wurden im vorherigen Abschnitt erläutert. Hier geht es darum, Begriffe zu klären, die im Zusammenhang mit Outplacement von Bedeutung sind oder die mit Outplacement verwechselt werden können.

Kündigung

Die Kündigung dient der grundlegenden Änderung oder der Beendigung eines Beschäftigungsverhältnisses. Bei der Beendigungskündigung, die von Arbeitgeber und Arbeitnehmer ausgesprochen werden kann, gelten das Kündigungs- und das Kündigungsschutzrecht. Obwohl es im Zusammenhang mit Outplacement oft um betriebsbedingte Kündigungen geht, wird häufig keine Kündigung ausgesprochen, sondern von Seiten des Arbeitgebers ein Aufhebungsvertrag angestrebt, um dem Risiko von Kündigungsschutzklagen zu entgehen. Die Kündigung hat für den Arbeitnehmer den Vorteil, dass keine Sperrfrist für den Bezug des Arbeitslosengeldes entsteht

Keine Sperrfrist

und die Möglichkeit des rechtlichen Einspruchs gegen die Entlassung bestehen bleibt. Vor einer Kündigung muss der Betriebsrat gehört werden

Aufhebung/Aufhebungsvertrag

Aufhebungsvertrag vermeidet Rechtsstreitigkeiten

Bei der Aufhebung handelt es sich um eine zwischen Arbeitgeber und Arbeitnehmer einvernehmliche Beendigung des Arbeitsverhältnisses. Sie
kann von beiden Seiten veranlasst werden. Der Arbeitnehmer strebt sie an,
wenn er die Kündigungsfrist abkürzen möchte, weil er z. B. beabsichtigt,
den Arbeitsplatz zu wechseln. Der Arbeitgeber bietet die Aufhebung an,
wenn eine Kündigung vermieden werden soll oder nicht möglich ist. Für
die Aufhebung gilt Vertragsfreiheit, sie unterliegt weder dem Kündigungs-
schutzgesetz noch dem Mitwirkungsrecht des Betriebsrates. Der Vorteil für
den Arbeitgeber liegt darin, dass er aufgrund der Einvernehmlichkeit keine
Rechtsklage zu befürchten hat. Für den Arbeitnehmer birgt die Aufhebung
den Nachteil, eine Sperrzeit für den Bezug von Arbeitslosengeld zu erhalten (§ 144 SGB III). Ein Aufhebungsvertrag geht typischerweise einer Outplacementberatung voraus, denn Arbeitgeber bieten eine solche Beratung
im Normalfall nur denjenigen Arbeitnehmern an, die sich mit der Trennung
einverstanden erklären. Die Aufhebung kann natürlich auch ohne Out-
placementvereinbarung abgeschlossen werden.

ePlacement

Unter dem Begriff ePlacement wurde eine internetgestützte Jobmaschine
angekündigt, die gemeinsam von der Internetjobbörse worldwidejobs und
Kienbaum e-Business betrieben werden sollte. Vorgesehen waren die Services der Erfassung der Profile der von Kündigung betroffenen Personen,
der Suche nach passenden Jobangeboten im deutschen Arbeitsmarkt und
der Online-Bewerbung für die Kandidaten (Goergen, 2002). Für die Suche
wollte worldwidejobs auf die Homepages von 3.000 deutschen Unternehmen zugreifen. Kienbaum e-Business plante, mit den Kandidaten Potenzialanalysen durchzuführen und sie auf die Bewerbungssituation vorzubereiten (Triller, 2002). Diese Jobmaschine existiert heute nicht mehr. Der
Begriff ePlacement hat allerdings weiterhin Bestand. ePlacement ist den
Inhalten von Outplacement ähnlich, stützt sich aber deutlich stärker auf die
virtuelle Interaktion via Internet und Telefon als das herkömmliche Out-

Kostengünstig

placement und kann dadurch zu Kosteneinsparungen beitragen (vgl. Reidl
& ter Horst, 2004).

Replacement

Der Begriff Replacement wird in zwei unterschiedlichen Bedeutungen verwendet. Zum einen handelt es sich um eine Bezeichnung für die berufliche
Wiedereingliederung von Personen, die aufgrund einer Familienpause,

6

Krankheit oder Arbeitslosigkeit längere Zeit nicht erwerbstätig waren. Außerdem wird Replacement für Nachfolger einer freien Position verwendet.

Nachfolge

Personalvermittlung

Bei der Personalvermittlung geht es darum, für offene Positionen geeignete Personen zu finden, d. h. die freie Stelle ist der Ausgangspunkt der Aktivität. Beim Outplacement gilt das Umgekehrte: Outplacementberater vermitteln Klienten nicht an beauftragende Unternehmen, sondern unterstützen sie im Auftrag des abgebenden Unternehmens und im Interesse des Klienten bei der Suche nach einer geeigneten offenen Position (vgl. Berg-Peer, 2003). Die Tatsache, dass Personaldienstleister häufig beide Aufgaben übernehmen, hat zu Kritik geführt. Die Befürchtung von Outplacementkunden richtet sich darauf, dass gar nicht versucht wird, eine für sie bestmögliche Position zu identifizieren, sondern dass das Ziel ihrer Beratung die schnellstmögliche Besetzung der als offen gemeldeten Positionen ist. Diese Vorgehensweise birgt für sie das Risiko, dass ihre berufliche Neuorientierung nicht mit vollem Engagement unterstützt wird und ihre Interessen nachrangig gegenüber den Interessen des Kundenunternehmens behandelt werden, das eine Position zu besetzen hat. Für die Personalvermittler könnte ein Anreiz für solches Vorgehen darin bestehen, für die Dienstleistung doppelt honoriert zu werden. Um nicht in diesen Verdacht zu geraten, weisen manche Outplacementunternehmen gezielt darauf hin, dass sie nicht gleichzeitig Personalvermittlung betreiben.

Personalvermittler suchen Menschen für Unternehmen, nicht umgekehrt

Transfergesellschaft

Transfergesellschaften (vgl. auch Kapitel 3.1.3) sind ein inzwischen weit verbreitetes personalpolitisches Instrument zur Vermeidung betriebsbedingter Kündigungen und sozialverträglichen Abfederung von Entlassungen, die im Zusammenhang mit strukturellen Änderungen oder Insolvenzen vorkommen (Backes & Knuth, 2006; Meyer, 2007). Transfergesellschaften (auch Beschäftigungsgesellschaften oder Beschäftigungs- und Qualifizierungsgesellschaften) verfolgen die Ziele, die betroffenen Mitarbeiter so rasch wie möglich aus dem abgebenden Unternehmen auszugliedern und von Arbeitslosigkeit bedrohte Mitarbeiter in neue Beschäftigungsverhältnisse zu vermitteln. Sie werden nach Einigung durch Arbeitgeber und Arbeitnehmervertretung in Zusammenarbeit mit der Agentur für Arbeit eingerichtet. Eine finanzielle Förderung ist zeitlich begrenzt und an bestimmte Voraussetzungen geknüpft (Stück, 2006). Transfergesellschaften können intern als Bereich eines Unternehmens oder extern, d. h. mit eigener Gesellschaftsform, eingerichtet werden (Fischer & von Pelchrzim, 2005). Die von Entlassung betroffenen Mitarbeiter entscheiden selbst, ob sie einen Aufhebungsvertrag mit dem bisherigen Unternehmen und ein Beschäftigungsverhältnis mit der

Häufiges Instrument bei umfangreichem Personalabbau

Transfergesellschaft eingehen. Leistungen, die von Transfergesellschaften angeboten werden, umfassen z. T. fachliche Qualifizierungsmaßnahmen und Bewerbertrainings und ähneln so den Leistungen von Outplacementanbietern.

Outsourcing

Nur ähnlicher Wortklang

Inhaltlich gesehen hat Outsourcing nichts mit Outplacement zu tun, es wird aber, vermutlich aufgrund der gleichen Anfangssilbe und des ähnlichen Klangs, häufig damit verwechselt. Beim Outsourcing werden Funktionen und Aufgaben eines Unternehmens, die von externen Leistungsanbietern effizienter erledigt werden können, an diese abgegeben und dann als Produkt oder Dienstleistung wieder hinzugekauft.

1.4   Bedeutung für das Personalmanagement

Die organisatorische und rechtliche Bearbeitung von Trennungen ist eine wesentliche Aufgabe des Personalmanagements. Speziell im Zusammenhang mit Personalabbau stellen die beteiligten Personengruppen sehr unterschiedliche Ansprüche an das Personalmanagement, an deren Erfüllung die Professionalität des Personalmanagements gemessen wird.

Vielfältige Ansprüche

Die Geschäftsleitung erwartet eine schnelle, erfolgreiche und möglichst kostengünstige Abwicklung des Personalabbaus, während für den Betriebsrat der Aspekt der Sozialverträglichkeit mit möglichst guter Versorgung der entlassenen Mitarbeiter im Vordergrund steht. Die Mitarbeiter hoffen, dass ihrer individuellen Situation optimal Rechnung getragen wird und für sie passende Bedingungen vereinbart werden. Sie wünschen sich einen selbstwertschützenden Umgang, persönliche Betreuung und zeitnahe Informationen zu ihren Anliegen. Für die Führungskräfte, die ihren Mitarbeitern die Trennungsnachricht überbringen müssen, ist es besonders wichtig, dass die Gespräche optimal vorbereitet sind und den zu Entlassenden ein gutes Trennungspaket angeboten werden kann. Ferner erwarten sie, dass das Personalmanagement die von ihnen ausgewählten Mitarbeiter abbaut, auch wenn diese nicht den Kriterien der Sozialauswahl entsprechen. Die verbleibenden Mitarbeiter nehmen die Professionalität und die Menschlichkeit, mit der das Personalmanagement den Abbau durchführt, zur Kenntnis. Der Umgang mit den ausscheidenden Mitarbeitern hat deshalb maßgeblichen Einfluss auf die Glaubwürdigkeit des Personalmanagements und die Bindung der verbleibenden Mitarbeiter an das Unternehmen. Aus diesem Überblick der unterschiedlichen und zum Teil sogar gegenläufigen Interessen der genannten Personengruppen wird deutlich, wie hoch die Bedeutung einer gelungenen Trennung für die Wahrnehmung des Personalmanagements als professionellem Business Partner ist.

Ziel des Trennungsprozesses sollte sein, möglichst reibungslos Arbeitsplätze frei zu machen bzw. „Headcount" zu reduzieren. Outplacement wird in diesem Zusammenhang als ein sich immer stärker verbreitetes HR-Instrument gesehen (Nadig & Reemts Flum, 2008; von Rundstedt, 2006), das die letzte Stufe des Personalentwicklungszyklusses bildet (Hofmann, 2001).

Der Einsatz von Outplacement bietet dem Personalmanagement Gestaltungsspielraum bei der Aushandlung von Sozialplänen gegenüber dem ausschließlichen Angebot von Abfindungen und erhöht die Wahrscheinlichkeit, dass ein Trennungsmodus erarbeitet wird, den die Betriebsparteien, d. h. Personalmanagement und Betriebsrat, gemeinsam tragen können (Hofmann, 2001) und der von den Betroffenen akzeptiert wird. Dadurch reduziert sich die Anzahl von Rechtsstreitigkeiten mit entlassenen Mitarbeitern, die zeit- und kostenintensiv sind.

Gestaltungsspielraum bei der Verhandlung von Sozialplänen

Geringere Anzahl von Rechtsstreitigkeiten

Der Einsatz kann zu einer Enttabuisierung des Themas Trennung führen und unterstützt eine stärker mitarbeiterorientierte Trennungskultur. Die frühe Einschaltung eines Outplacementunternehmens kann speziell in den Fällen, in denen erstmalig ein umfangreicher Personalabbau ansteht, sehr nützlich sein, um Fehler im Trennungsmanagement zu vermeiden. Outplacementberater können Hinweise zur Gestaltung des Trennungspakets geben, auf zu erwartende Reaktionen der betroffenen Mitarbeiter hinweisen, auf Trennungsgespräche vorbereiten und die Mitglieder des Personalmanagements durch praktische Arbeit wie z. B. Beratungsgespräche mit den betroffenen Mitarbeitern entlasten. Von Rundstedt (2006) weist auf den Vorteil hin, dass gut vorbereitete Mitarbeiter des Personalmanagements in Trennungsgesprächen darauf achten werden, dass Führungskräfte den zu Entlassenden ausschließlich Bedingungen anbieten, die auch durch die zuvor beschlossenen Maßnahmen gedeckt sind.

Externe Trennungsspezialisten: Hinweise zu Projektmanagement und Trennungspaket sowie ggf. Entlastung bei der Durchführung

Outplacement im Rahmen von Personalabbaumaßnahmen hat auch Einfluss auf andere Aufgaben in der Prozesskette Personal wie Personalmarketing, Mitarbeiterbindung, Personalentwicklung und ggf. sogar Platzierung.

Das Personalmanagement ist für die Gewinnung neuer Mitarbeiter zuständig, die häufig sogar parallel zum Personalabbau läuft. Die Gewährung von Outplacement für die von Entlassung Betroffenen wirkt sich positiv auf das Image des Unternehmens aus und erhöht so die Chance, trotz Abbauaktivitäten noch als attraktiver Arbeitgeber wahrgenommen zu werden. Das macht die Arbeit der Personalanwerbung leichter. Ferner wird das Personalmanagement typischerweise als verantwortlich für die Bindung von Mitarbeitern gesehen. In Zeiten von Restrukturierungen steigt das Risiko, dass speziell die sehr leistungsfähigen Mitarbeiter das Unternehmen ver-

Verringerung der Probleme bei der Gewinnung neuer und der Bindung und Entwicklung aktueller Mitarbeiter

9

lassen, weil sie den Abbau entweder als Indikator für geringen Unternehmenserfolg werten, der sich negativ auf ihre Karriere auswirkt, oder weil sie den Umgang mit den Gekündigten als unfair wahrnehmen. Die verbleibenden Mitarbeiter können demnach besser an das Unternehmen gebunden werden, wenn ihnen deutlich wird, dass es eine mitarbeiterorientierte Trennungskultur gibt. Das wirkt sich positiv auf das Betriebsklima aus. Outplacement unterstützt außerdem indirekt den Prozess der Personalentwicklung. Wenn die Mitarbeiter das Personalmanagement als professionell und die Trennungskultur als fair wahrnehmen, werden sie eher bereit sein, sich auf den vom Personalmanagement vorgeschlagenen Prozess der Karriereplanung einzulassen. Sie werden die Übernahme neuer Positionen als weniger riskant wahrnehmen. Heizmann (2003) sieht im Einsatz von Outplacement weiterhin die Chance, frühere Fehlbesetzungen zu korrigieren. Allerdings ist das ein Vorteil, der sich nicht aus der Tatsache des Outplacements ergibt, sondern aus der Tatsache der Trennung. Ein Outplacementangebot kann lediglich bewirken, dass es reibungsloser zu einer Trennung kommt. Außerdem hat es möglicherweise den Effekt, dass leichter Stellennachfolger gefunden werden können.

Wahrnehmung im Unternehmen als professioneller Business Partner

1.5 Betrieblicher Nutzen

Abbildung 1 verdeutlicht, dass es bei einem Personalabbau viele direkt und indirekt Betroffene gibt. Manche der abgebildeten Gruppen, speziell die verbleibenden Mitarbeiter, für die der Abbau eine Leistungsverdichtung und damit höhere Belastung bedeutet, werden in Trennungsprozessen regelmäßig übersehen (vgl. Andrzejewski, 2008). Auf einige dieser Gruppen nimmt die Unternehmensleitung positiven Einfluss, wenn sie ihren Mitarbeitern Outplacement anbietet.

Nutzen für die Unternehmensleitung

Die Unternehmensleitung hat einen erheblichen Nutzen davon, den zu Entlassenden eine Outplacementberatung anzubieten (vgl. u. a. Andrzejewski, 2008; Berg-Peer, 2003; Hofmann, 2001; von Rundstedt, 2006), der zum Teil deckungsgleich ist mit dem Nutzen für das Personalmanagement.

Indem sie die Mitarbeiter bei der beruflichen Neuorientierung unterstützt, übernimmt sie soziale Verantwortung. Ein wesentlicher Vorteil im Outplacementangebot liegt darin, dass die betroffenen Mitarbeiter, die sich auf diese Weise fair behandelt fühlen, mit höherer Wahrscheinlichkeit einen Aufhebungsvertrag akzeptieren. In der Konsequenz bedeutet das nicht nur eine geringere Zahl von Arbeitsgerichtsprozessen, mit denen die Wieder-

Schnelle und kostengünstige Trennung

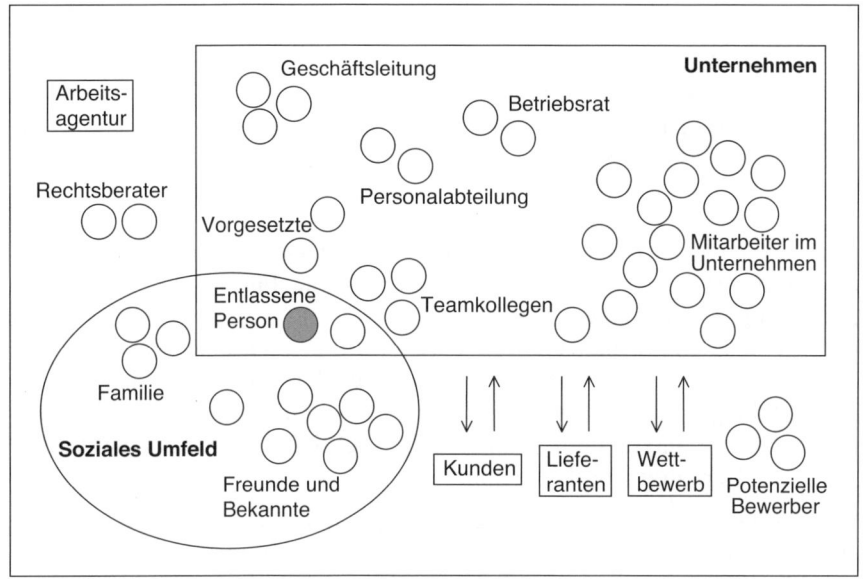

Abbildung 1:
Betroffene einer Trennung (nach Reinl, 1993, zit. nach Andrzejewski, 2008, S. 127)

einstellung angestrebt wird. Es heißt auch, dass die Geschäftsleitung sich aussuchen kann, von welchen Mitarbeitern sie sich trennt, denn im Gegensatz dazu trifft es bei betriebsbedingten Kündigungen aufgrund der Auswahl nach sozialen anstatt Leistungskriterien häufig aus Arbeitgebersicht die falschen Personen. Weiterhin kann unter Umständen die Anzeigepflicht bei Massenentlassungen umgangen werden, da Personen nicht gezählt werden, mit denen ein Aufhebungsvertrag vereinbart wurde (Pulte, 2005). Die betroffenen Personen werden außerdem eher ihr personenspezifisches und unternehmensbezogenes Wissen an die verbleibenden Mitarbeiter transferieren, so dass dem Unternehmen dieses Wissen nicht verloren geht. Erhalten sie zudem früher als ohne Outplacement einen neuen Arbeitsplatz, so ergibt sich eine weitere Kostenreduzierung durch eine Abkürzung der Restlaufzeit des Arbeitsvertrags mit dem bisherigen Unternehmen. Mitarbeiter, die sich fair behandelt fühlen und durch eine Outplacementberatung schnell eine neue Perspektive entwickeln können, werden eher eine positive Beziehung zum ehemaligen Arbeitgeber bewahren. Das ist wichtig, nicht nur, weil sie dann in ihrem sozialen Umfeld und bei zukünftigen Arbeitgebern nicht negativ über ihren vorherigen Arbeitgeber sprechen, sondern auch, weil sie mit einiger Wahrscheinlichkeit in zukünftigen Positionen Geschäftspartner des entlassenden Unternehmens sind. Auch werden sie einer späteren Wiederbeschäftigung in dem sie entlassenden Unternehmen positiver gegenüberstehen.

Umgehung der Sozialauswahl

Erhalt einer positiven Beziehung zu Entlassenen

11

Outplacement hat für das Unternehmen einen deutlichen Nutzen gegenüber Unternehmensexternen wie Kunden, Lieferanten, Gewerkschaften
und Öffentlichkeit. Die Übernahme sozialer Verantwortung mildert das
negative Image des Unternehmens, das mit Personalabbau verbunden ist
(Berg-Peer, 2003). Wird die Trennung auch von außen als fair wahrgenommen, bleibt das Unternehmen ein attraktiver Arbeitgeber.

Die Übernahme sozialer Verantwortung für entlassene Mitarbeiter hat auch
eine große Wirkung innerhalb der Organisation. Führungskräfte werden
häufig für Personalabbau kausal und moralisch verantwortlich gemacht
(Kieselbach, 2001), daher hat das Angebot einer Outplacementberatung
für sie eine entlastende Funktion. Bereits die Übermittlung der Trennungs-
entscheidung ist leichter, wenn sie ihren Mitarbeitern direkt eine Perspektive aufzeigen und dadurch die negative Nachricht durch das positive Angebot der Beratung abmildern können.

Der Erfolg von Restrukturierungsprogrammen hängt von der Reaktion der
Belegschaft und der von ihr wahrgenommenen Fairness bei der Trennung
von Mitarbeitern ab (Garaudel, Noel & Schmidt, 2008), die den Trennungsprozess und die Kommunikation der Unternehmensleitung sehr genau beobachten. Meist ist Personalabbau durch die bei den Verbleibenden
hervorgerufenen Irritationen und das dadurch entstehende Kommunikati-
onsbedürfnis mit Produktivitätsverlusten verbunden, die zum Teil erheblich sein können (vgl. Frick, 2004). Aber wenn der Personalabbau aus ihrer
Sicht nachvollziehbar ist, fair verläuft und gut kommuniziert wird, treten
negative Reaktionen bei den Verbleibenden wie Pessimismus, Resignation,
Sorge um den Arbeitsplatz, Misstrauen gegenüber der Führung und redu-
ziertes Commitment in geringerem Maße auf, als wenn das nicht der Fall
ist (Weiss, 2005). Ein weiterer Nutzen ist die geringere Wahrscheinlichkeit
von Fluktuation, mit der bei Personalabbau immer gerechnet werden muss,
speziell bei sehr leistungsstarken Mitarbeitern, und die erhebliche finanzielle Konsequenzen haben kann (Lohaus & Habermann, 2002). Andrzejewski (2008) weist darauf hin, dass eine verantwortungsvolle Vorgehensweise bei der Trennung von Mitarbeitern einen positiven Einfluss auf die
Unternehmenskultur haben kann. Denn so wird deutlich, dass Trennung
zwar zum normalen Umgang mit Mitarbeitern gehört, sie aber in jedem
Fall fair gehandhabt wird.

Nutzen für die gekündigten Mitarbeiter

Es steht außer Frage, dass die entlassenen Mitarbeiter durch die emotionale und sachliche Begleitung sowie die meist raschere Wiederaufnahme
einer Beschäftigung enorm von einer Outplacementberatung profitieren
können. Daher ist es wichtig, dass Mitarbeiter diese auf die Zukunft aus-

gerichtete Beratung wählen, anstatt auf eine höhere Abfindungssumme zu spekulieren, die ihrem Charakter nach vergangenheitsbezogen ist und keinen Beitrag zur Erlangung eines neuen Jobs leistet (Andrzejewski, 2008).

Andrzejewski plädiert allerdings dafür, dass Unternehmen nicht nur Outplacement anbieten, sondern zusätzlich eine großzügige Abfindung gewähren, um das psychische und materielle Sicherheitsempfinden der Betroffenen zu stärken.

Berg-Peer (2003) sieht einen Vorteil einer Outplacementberatung, die unmittelbar nach Überbringung der Trennungsnachricht beginnt, darin, dass in der Regel passendere Aufhebungsvereinbarungen erreicht werden können, weil Personalmanagement und Betroffenen häufig die diesbezüglichen Kenntnisse fehlen. Outplacementberater haben viel Erfahrung in Bezug auf wichtige Regelungen und können beide Seiten entsprechend beraten. Außerdem sprechen die gekündigten Mitarbeiter gegenüber den Beratern offener an, welche Aspekte für sie besonders wichtig sind. Die Tatsache, an der Vereinbarung mitzuwirken, anstatt ein Angebot von Seiten des Unternehmens lediglich entgegenzunehmen, wirkt sich zusätzlich positiv auf das Selbstwertgefühl der Mitarbeiter aus.

Die Trennungsnachricht bedeutet für die meisten Betroffenen einen Verlust und eine herbe Verletzung (Mayrhofer, 1989). Viele Mitarbeiter haben jahrelang für „ihr" Unternehmen gearbeitet und können zunächst nicht begreifen, warum man plötzlich auf ihre Arbeit verzichten will. Die Nachricht wird deshalb häufig als Schock empfunden. Outplacementberater können in dieser Situation helfen, mit diesem traumatischen Erlebnis fertig zu werden. Sie dienen als Gesprächspartner und entlasten damit auch die Familie des Gekündigten. Ihre Unterstützung bewirkt, dass die Verletzung des Selbstwertgefühls geringer ist, Identitäts- und familiäre Krisen vermieden werden und dass die Trauer um den Jobverlust angemessen verarbeitet werden kann (von Rundstedt, 2006). Je nach Form des Outplacements haben die Betroffenen außerdem die Gelegenheit, sich an Gleichgesinnte anzuschließen, was eine Isolation zusätzlich verhindert (Andrzejewski, 2008) und sich positiv auf das psychische Befinden auswirkt (vgl. Lang-von Wins, Mohr & von Rosenstiel, 2004).

Verringerung negativer gesundheitlicher und sozialer Folgen des Arbeitsplatzverlusts

Die Berater bieten die Chance der individuellen Karriereplanung, sie motivieren und bieten Hilfe zur Selbsthilfe bei der Orientierung am Arbeitsmarkt (Hofmann, 2001). Sie stellen ihr Know-how in den Bereichen Bewerbungstechniken, Selbstmarketing, Zugänge zu und Situation am Arbeitsmarkt zur Verfügung und helfen bei der Organisation der Jobsuche (von Rundstedt, 2006). Je nach Art des Outplacements können die betroffenen Mitarbeiter auf ganz praktische Unterstützungsmöglichkeiten in Form des Kontaktnetzes und der Büro- und Sekretariatsfacilitäten des Outplacementunternehmens zugreifen.

13

Im Rahmen des Outplacements wird eine Standortbestimmung durchgeführt und die Teilnehmer erhalten Feedback zu ihrer Selbstdarstellung. Betroffene haben in ihren Unternehmen häufig seit längerem keine angemessenen Rückmeldungen mehr bekommen oder wurden sogar systematisch zu positiv bewertet (Schuler, 2004), weil die Vorgesetzten sich scheuten, Leistungsmängel anzusprechen. Die Mitarbeiter haben nun die Chance, durch diese systematische Fremdeinschätzung ihre Selbstwahrnehmungsfähigkeiten zu verbessern. Auf diese Weise stößt Outplacement Lernprozesse an, die eine persönliche und berufliche Weiterentwicklung bewirken können. Die Teilnehmer gewinnen Sicherheit und professionalisieren ihr Auftreten. Häufig ist mit Outplacementangeboten außerdem eine fachliche Qualifizierung verbunden, die von IT-Kursen bis hin zu Umschulungen auf den individuellen Bedarf zugeschnitten werden kann (Hofmann, 2001).

Chance auf eine berufliche Umorientierung und eine Persönlichkeitsentwicklung

Ein weiterer Vorteil der Outplacementberatung ist, dass sich die Teilnehmer aus einem bestehenden Arbeitsverhältnis heraus auf neue Positionen bewerben. Dadurch haben sie einen Wettbewerbsvorteil gegenüber Arbeitslosen. Die Beratung sorgt meist für eine kürzere Suchdauer, so dass viele gar nicht arbeitslos werden, sondern nahtlos einen neuen Job annehmen können. Diese direkte Wiedereingliederung in den Arbeitsmarkt hat auch zur Folge, dass der bisherige Lebensstandard beibehalten werden kann und sich die Familie finanziell nicht einschränken muss. In vielen Fällen werden durch Outplacement nicht nur Gehaltseinbußen und Karriereknicke vermieden (von Rundstedt, 2006), sondern es können durch eine systematische Karriereplanung sogar bessere als die bisherigen Positionen erreicht werden, die mit einem höheren Gehalt verbunden sind (Fischer, 2001). Wenn das Outplacement auch die Begleitung während der Probezeit im neuen Job umfasst, profitiert der beratene Mitarbeiter zusätzlich von dieser Sicherung seiner Position (Andrzejewski, 2008).

Vermeidung von Karriereknicken und Wiederbeschäftigung zu schlechteren Bedingungen

Nutzen für die Arbeitnehmervertretung

Verschiedene Autoren weisen darauf hin, dass Outplacement von Betriebsräten zunehmend positiv gesehen (z. B. Berg-Peer, 2003; Steiner, Maier & Eisenbach, 2004) und sogar explizit als Bestandteil des Trennungspakets gefordert wird. Zwar ist aus Sicht der Arbeitnehmervertretung vorzuziehen, dass die Mitarbeiter im Unternehmen bleiben können, jedoch ist im Fall der nicht zu verhindernden Trennung Outplacement eine geeignete Maßnahme, um negative Folgen der Trennung zu minimieren. Je bessere Outplacement-Konditionen der Betriebsrat im Rahmen der Sozialplanverhandlungen erzielen kann, desto positiver wird er von den entlassenen wie auch den verbleibenden Mitarbeitern wahrgenommen. Außerdem bietet Outplacement speziell leistungsschwächeren Arbeitnehmern deutlich höhere Chancen auf eine Wiedereingliederung in den Arbeitsmarkt als reine Abfindungszahlungen (vgl. auch Kapitel 3.4).

Reputationsgewinn

1.6 Weitere Ziele

Outplacement hat über den betrieblichen Nutzen hinaus auch gesellschaftliche Bedeutung. Es wurde im Rahmen der Reformierung des SGB III aufgewertet und vom Gesetzgeber als förderungswürdiges und beschäftigungswirksames Instrument anerkannt (Hofmann, 2001). Outplacement dient durch die Vermeidung oder Verkürzung der Arbeitslosigkeit der Kostenreduzierung und entlastet durch die Beratung die Arbeitsagenturen auch personell. Negative volkswirtschaftliche Folgen durch Konsumverzicht (Reuter, 2005) sowie durch die Inanspruchnahme von Transferzahlungen und fehlende Beiträge zu Steuer und Sozialversicherung (Hamm, 2005) können ebenfalls gemindert werden. Ferner kann die Unterstützung bei der Suche nach einem neuen Arbeitsplatz auch psychische und physische Erkrankungen als Folge von drohender oder faktischer Arbeitslosigkeit reduzieren und entlastet damit das Gesundheitswesen. Der Zusammenhang zwischen drohender bzw. faktischer Erwerbslosigkeit und negativem psychischem und physischem Befinden wird inzwischen nicht mehr bestritten (vgl. Lang-von Wins et al. 2004; vgl. Mohr & Otto, 2007; Paul & Moser, 2001). In Kapitel 2 wird auf die Bedeutung der Erwerbstätigkeit bzw. Erwerbslosigkeit näher eingegangen.

Entlastung von Staat und Gesellschaft

2 Modelle

Outplacement gilt inzwischen als wichtiges Instrument der betrieblichen Personalpolitik, es wurde aber ohne direkten Theoriebezug entwickelt (vgl. Kieselbach et al., 2006). Hinweise auf theoretische Ansätze, allerdings ohne Ableitungskonsequenzen, finden sich nur bei Mayrhofer (1989), der auf die Sterbe- und Verlustforschung sowie auf Stresstheorien verweist, und bei Wooten (1996), der die Bezugnahme auf berufs- und beratungspsychologische sowie Theorien der Personalauswahl empfiehlt. In dem vorliegenden Buch werden diese Hinweise aufgenommen und überprüft sowie um Schlussfolgerungen aus der Bedeutung von Erwerbstätigkeit erweitert. Erst durch die Einbeziehung der letzteren entsteht eine schlüssige theoriebasierte Erklärung des Outplacementansatzes, die hier zum ersten Mal vorgestellt wird.

Outplacement wurde ohne Theoriebezug entwickelt

Das Kapitel beginnt mit theoretischen Vorstellungen und Erkenntnissen aus den Bereichen Erwerbstätigkeit und Sterbe- und Verlustforschung, dann wird auf berufspsychologische Modelle eingegangen, die für berufliche Entscheidungen (der Outplacementklienten) und die berufliche Eignungsdiagnostik (der potenziellen Arbeitgeber) relevant sind. Die Ergebnisse von Outplacementmaßnahmen hängen aber nicht nur von der Persönlichkeit des

Sinnvolle Anknüpfungspunkte

Klienten ab. Sie werden auch stark von den durch die Beratung und das Training ausgelösten Veränderungsprozessen bestimmt. Deshalb müssen zusätzlich die Kompetenz und das Verhalten der Berater beachtet und in diesem Zusammenhang Beratungsmodelle erläutert werden, die für das Thema Outplacement relevant sind. Aus der Zusammenschau werden abschließend Schlussfolgerungen für die Entwicklung von Outplacementmaßnahmen gezogen. Diese liegen der Beschreibung des praktischen Vorgehens bei der Outplacementberatung in Kapitel 4 zugrunde.

2.1 Bedeutung von Erwerbstätigkeit und deren Verlust

Erwerbstätigkeit hat für die meisten Menschen zentrale Bedeutung

Erwerbstätigkeit stellt in den Industriestaaten einen zentralen Bestandteil des Lebens dar und erfüllt eine Vielzahl unterschiedlicher Funktionen (v. Rosenstiel, 2006; Ulich, 2005). Die augenfälligste Funktion ist die der Existenzsicherung, denn durch die finanziellen Einkünfte können die Arbeitenden ihre eigene Daseinsvorsorge betreiben und oft auch die von Familienangehörigen.

Die Tätigkeit selbst erlaubt den Arbeitenden, ihre Kompetenzen anzuwenden und ihre Qualifikationen zu erhalten und auszubauen (Schmook, 2006) sowie in der fachlichen und persönlichen Auseinandersetzung ihre intellektuellen Fähigkeiten und ihre Persönlichkeit zu entwickeln (Lang-von Wins et al., 2004; Ulich, 2005). Außerdem ermöglichen es die Zusammenarbeit und der Austausch mit anderen während der Arbeitstätigkeit, das Bedürfnis nach sozialem Kontakt zu befriedigen. Arbeit stellt so auch die Grundlage für eine soziale Vernetzung innerhalb der Gesellschaft dar (von Rosenstiel, 2006). Dadurch bietet die Erwerbstätigkeit die Basis für persönliche und leistungsbezogene Anerkennung, die mit Status und Prestige einhergeht (Bergmann, 2004), sie strukturiert die Zeit und sorgt für Abwechslung (Schmook, 2006).

Natürlich sind die genannten Funktionen subjektiv unterschiedlich wichtig und hängen von den individuellen Lebenszielen ab, allerdings schließt Bergmann (2004) auf der Grundlage einer Reihe von Studien, dass für mehr als 60 % der Berufstätigen ihre Arbeit einen hohen Stellenwert besitzt und dass die Bindung an die Arbeit mit zunehmendem Alter eher noch steigt. Aus der großen Bedeutung von Erwerbstätigkeit wird auch das Problem der drohenden bzw. faktischen Arbeitslosigkeit offensichtlich. So

Bereits Arbeitsplatzunsicherheit führt zu gesundheitlichen Beeinträchtigungen

geht Arbeitsplatzunsicherheit bereits mit psychischen Beeinträchtigungen wie Angst und körperlichen Stressreaktionen einher (Lang-von Wins et al., 2004; Mohr & Otto, 2007) und faktische Erwerbslosigkeit führt zu einer subjektiven Verschlechterung des Wohlbefindens (Anderson, 2009). In einer Meta-Analyse (Erläuterung siehe Kasten) von Paul und Moser (2001) wurde ein Zusammenhang zu schlechterem psychischem Befinden im Ver-

16

gleich zu Erwerbstätigen nachgewiesen. Diese Beeinträchtigungen zeigen sich bei einem querschnittlichen Vergleich von Erwerbslosen mit Erwerbstätigen durch stärkeres Vorhandensein von allgemeinen psychischen Symptomen, Angst, geringerem Wohlbefinden und geringerem Selbstwertgefühl sowie geringerer Lebenszufriedenheit. In der längsschnittlichen Betrachtung, d. h. bei Personen, die einen Wechsel von der Erwerbstätigkeit in die Erwerbslosigkeit erfahren haben, war eine Verschlechterung des psychischen Befindens zu beobachten, speziell durch eine Zunahme psychischer Symptome und eine Verringerung des Selbstwertgefühls. Gerade ein gutes Selbstwertgefühl ist aber sehr wichtig für den Erfolg bei der Jobsuche (Kanfer, Wanberg & Kantrowitz, 2001).

Meta-Analyse
Eine „Analyse über Analysen", d. h. eine Studie, in der mit Hilfe statistischer Verfahren viele gleichartige Studien zu einem Themenbereich gemeinsam analysiert werden, um Trends zu erkennen.

Hingegen war laut Paul und Moser (2001) der Übergang von der Erwerbslosigkeit in die Erwerbstätigkeit mit umgekehrten Ergebnissen verbunden, d. h. er ging mit einer Verbesserung des psychischen Befindens in den Bereichen allgemeiner psychischer Symptome, Depression, Angst, Wohlbefinden und Selbstwertgefühl einher. Allerdings ist eine solche Besserung nicht bei Personen festzustellen, die in sogenannten „bad jobs" landen, d. h. in einfachen Tätigkeiten mit geringem Umfang und geringer Entlohnung sowie ungesichertem Arbeitsverhältnis (Mohr & Otto, 2007; Halvorsen, 1998). Menschen, die in schlechteren Jobs (gemessen z. B. in Stundenlohn, Arbeitsbedingungen, Führung, Entfernung von zu Hause) im Vergleich zu vorher unterkamen, berichteten in einer Studie von Burke (1986) eine geringere Lebenszufriedenheit, mehr psychosomatische Symptome und höheren Alkoholkonsum als Personen, die ihren neuen Job positiver wahrnahmen.

Angemessene Jobs verbessern die Gesundheit

Diese Ergebnisse machen sehr deutlich, wie stark Menschen durch drohende oder faktische Erwerbslosigkeit in ihrem psychischen Wohlbefinden beeinträchtigt werden. Hierbei ist jedoch zu beachten, dass Menschen unterschiedlich auf dieses einschneidende Ereignis reagieren. Obgleich die Forschung bzgl. der Unterschiede im Umgang mit Erwerbslosigkeit noch nicht abgeschlossen ist, macht sie deutlich, dass Maßnahmen für betroffene Personen an deren unterschiedlichen Voraussetzungen ansetzen sollten (Lang-von Wins et al., 2004).

Neben Aspekten der Persönlichkeit gibt es eine Vielzahl weiterer Faktoren, die das negative Erleben von Erwerbslosigkeit verstärken oder abschwächen können. Hier sind als moderierende Faktoren u. a. die individuelle Bedeutung der Arbeit, Alter, Geschlecht, Dauer der Erwerbslosigkeit, finanzielle

Moderierende
Faktoren ma-
chen individu-
elle Unterstüt-
zungsansätze
erforderlich

Belastungen, persönliches Aktivitätsniveau, Unterstützungseinrichtungen, soziale Unterstützung und Erfahrungen mit Arbeitslosigkeit zu nennen (Schmook, 2006). Typische Probleme, die mit Erwerbslosigkeit einhergehen, sind Rückgang in Freizeit- und gesellschaftlichen Aktivitäten sowie Einengung des sozialen Umfelds, Schwierigkeiten mit der zeitlichen Strukturierung des Tages, finanzielle Schwierigkeiten sowie Veränderungen im Familienleben wie z. B. erhöhte Scheidungsrate und Schwierigkeiten mit der Rollenaufteilung von Mann und Frau (Lang-von Wins et al., 2004).

Bei Kündigungen handelt es sich entsprechend häufig um einen als „schmerzhaft empfundenen Verlust[s] eines zentralen Teils des derzeitigen Lebens" (Mayrhofer, 1989, S. 55). Finley und Lee (1981) vergleichen die Trennungsnachricht sogar mit der Übermittlung der Nachricht, an einer tödlichen Krankheit zu leiden. Zum Umgang mit der Trauer über den Verlust des Arbeitsplatzes wird daher auch Bezug auf die Sterbe- und Verlustforschung genommen (Mayrhofer, 1989; Miller & Robinson, 2004). Kübler-Ross (2001) unterscheidet fünf Phasen der psychischen Verarbeitung, die Sterbende durchlaufen, die sich auch auf andere schwierige Lebensphasen übertragen lassen (Kübler-Ross & Kessler, 2006).

Phasen der psychischen Verarbeitung des Sterbens nach Kübler-Ross (2001)
1. Schock und Nicht-Wahrhaben-Wollen (Denial)
Die Nachricht wird verdrängt, der Betroffene glaubt, es handle sich um einen Irrtum. Es wird aktiv nach gegenläufigen Einschätzungen gesucht. Zukunftspläne werden geschmiedet.
2. Wut (Anger)
Betroffene empfinden die Situation als ungerecht. Sie begegnen ihrer Umwelt (dem Überbringer der Nachricht, Nicht-Betroffenen) offen mit Wut und Verzweiflung und verletzten dabei auch andere.
3. Versuch der Wiedererlangung / Verhandeln (Bargaining)
Der Betroffene erkennt, dass kein Irrtum vorliegt und versucht nun, sein Schicksal zu ändern. Er ist bereit, unvorteilhafte Bedingungen zu akzeptieren, um den Verlauf rückgängig zu machen.
4. Depression (Depression)
In dieser Phase kann Leere und Sinnlosigkeit auftreten. Sie kann sich in zwei Formen zeigen. Einerseits kann ein sehr starkes Mitteilungsbedürfnis vorkommen: Betroffene möchten ihre Trauer um den Verlust artikulieren und sprechen über verpasste Chancen. Das kann eine Erleichterung bewirken. Andererseits kann die depressive Phase durch einen

Rückzug gekennzeichnet sein, der mit Anzeichen von Traurigkeit einhergeht. Diese Phase ist meist noch durch Hoffnung auf eine Änderung des Schicksals gekennzeichnet.

5. Zustimmung (Acceptance)

Das Schicksal wird akzeptiert. Die Betroffenen sind ruhig, begrüßen die Entscheidung, nabeln sich von ihrer Umwelt ab und konzentrieren sich auf sich und ihre nächsten Schritte.

2.2   Berufliche Interessen und Berufswahl

„Berufstätigkeit und Berufszugehörigkeit sind in der Gegenwartsgesellschaft nicht nur Basis der beruflichen Identität, sondern ein zentrales identitätsstiftendes Merkmal der Person." (Bergmann, 2004, S. 343). Diese hohe Bedeutung rechtfertigt die genauere Betrachtung beruflicher Interessen und Entscheidungen im Zusammenhang mit dem Thema Outplacement.

Interessen werden als relativ stabile Verhaltenspräferenzen verstanden, die kognitiv, emotional und werthaft mit der Persönlichkeit eines Menschen verbunden sind (Bergmann, 2007; Rolfs, 2001). Sie spielen bei der Berufswahl eine große Rolle. So richten sich Erwartungen bei der Berufswahl in erster Linie darauf, dass die Tätigkeit interessant, abwechslungsreich, zur eigenen Person passend und mit Handlungsspielraum verbunden ist. Der Aspekt des Interesses steht damit vor den Erwartungen guter Bezahlung, Sicherheit und guter sozialer Beziehungen (Bergmann, 2007).

Obgleich es keinen nennenswerten Zusammenhang zwischen beruflichen Interessen und beruflicher Leistung gibt (vgl. Rolfs, 2001) und die Befunde zum Zusammenhang zwischen einer den Interessen entsprechenden Tätigkeit und beruflicher Zufriedenheit widersprüchlich sind, beeinflussen die Interessen offensichtlich den Verbleib innerhalb eines Studiums oder eines Berufs (Bergmann, 2007; Rolfs, 2001). Darüber hinaus hat sich gezeigt, dass die Passung einer Person zu einer bestimmten Organisation und den Menschen in dieser Organisation wichtig für das Erleben der Arbeit und den Verbleib in der Organisation ist (Rolfs, 2001).

Interessen bestimmen die Berufswahl, aber nicht die Leistung

Für die im Outplacement angestrebte Neuorientierung sind daher Modelle beruflicher Interessen, Eignung, Entwicklung und Entscheidung relevant. Die beiden Hauptkriterien beruflichen Erfolgs bei diesen Modellen sind berufliche Leistung einerseits und berufliche Zufriedenheit und Wohlbefinden andererseits (vgl. Brown & Brooks, 1994). Da die Theorien nicht

Eine berufspsychologische Theorie reicht für Outplacement nicht aus

Tabelle 2:
Einschätzung der Relevanz verschiedener Modelle in Bezug auf Outplacement

Für Outplacement relevante Aspekte \ Modelle	Person-Job-Fit	Hollands Berufswahltheorie	Supers Theorie der beruflichen Entwicklung	Sozial-kognitive Ansätze
Berufswahl	+	+ +	+	+
Berufliche Entwicklung	–	–	+ +	+
Berufliche Entscheidungen	–	–	–	+
Berücksichtigung sozio-ökonomischer Faktoren	–	–	+	+ +
Verfügbarkeit von Instrumenten für die Beratung	+ +	+ +	+	+

für den Anwendungsbereich des Outplacements entwickelt wurden, ist keine allein ausreichend, um die Thematik abzudecken. In Tabelle 2 ist aufgeführt, in welchem Ausmaß die hier dargestellten Modelle die für Outplacement wichtigen Aspekte abdecken.

Viele berufspsychologische Theorien legen den Schwerpunkt auf die Erklärung, warum Menschen einen bestimmten Beruf wählen. Sie stellen die Berufswahl als Ergebnis der Harmonisierung von Mensch und Arbeitstätigkeit dar. Die meisten von ihnen konzentrieren sich auf die erste Berufswahl, während spätere Entscheidungsprozesse weniger betrachtet werden. Aus dieser Gruppe werden die Person-Job-Fit Ansätze und die Berufswahltheorie von Holland vorgestellt, die die berufliche Eignungsdiagnostik und Berufsberatung maßgeblich beeinflusst haben. Für Outplacement reicht diese Betrachtung nicht aus, denn viele von Outplacement betroffene Personen stehen nicht mehr am Beginn ihrer beruflichen Entwicklung und viele Berufstätige suchen in der Lebensmitte nach neuen beruflichen Perspektiven (Brown & Brooks, 1994). Daher werden hier die Grundzüge der Theorie von Super vorgestellt, der dem beruflichen Entwicklungsprozess von Menschen besondere Beachtung schenkt. Die Mehrzahl der theoretischen Ansätze weist den Nachteil auf, dass sie das identische Muster der Berufswahl für alle Menschen voraussetzen, unabhängig von sozialen Merkmalen wie Herkunft und sozioökonomischem Status. Eine Ausnahme bilden die sozial-kognitiven Ansätze, die deshalb hier ebenfalls dargestellt werden.

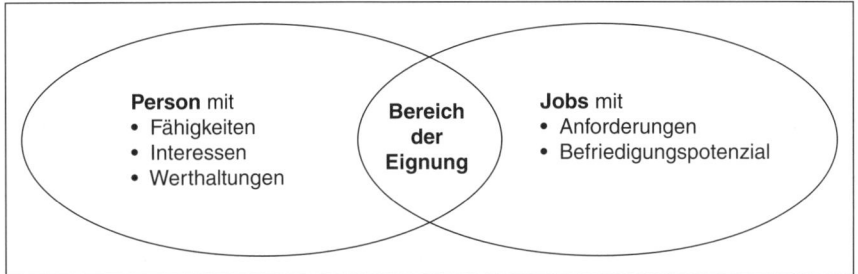

Abbildung 2:
Personen und Tätigkeiten sind besser füreinander geeignet, je stärker die Merkmale der
Person mit den Merkmalen der Tätigkeit übereinstimmen

2.2.1 Person-Job-Fit Ansätze

Der differenzialpsychologische Ansatz

Nach dem differenzialpsychologischen Ansatz (vgl. Bergmann, 2004), bei
dem Persönlichkeitsunterschiede von Menschen im Fokus stehen, geht es
darum, eine möglichst gute Passung zwischen Personen und Jobs (Person-
Job-Fit) herzustellen.

Kompetenzen der Person mit Anforderungen des Jobs zur Deckung bringen

Eine Grundannahme des Ansatzes ist, dass sich Menschen in bestimmten
Persönlichkeitsmerkmalen wie arbeitsbezogene und akademische Eig-
nungen, Interessen und Werthaltungen unterscheiden. Diese Merkmale
einer Person gelten als relativ stabil und bestimmen die Eignung von
Menschen für Berufstätigkeiten. Jede Person ist aufgrund ihres Merk-
malsprofils für eine ganze Reihe unterschiedlicher Tätigkeiten geeignet.
Eine weitere wesentliche Annahme ist, dass sich Jobs in Bezug auf Anforderungen an Personen und Befriedigungspotenzial für diese unterscheiden. Außerdem wird angenommen, dass der Erfolg und die Zufriedenheit von Menschen höher sind, je besser ihr Persönlichkeitsprofil zum
Profil des ausgeübten Berufs bzw. der Tätigkeit passt. Dieser Zusammenhang ist schematisch in Abbildung 2 dargestellt.

Entsprechend erfolgt eine auf diesem Modell basierende Berufsberatung in
drei Schritten: Erstens werden berufsrelevante Persönlichkeitsmerkmale
mit Hilfe von dafür entwickelten Verfahren wie Persönlichkeits- und Fer-
tigkeitstests diagnostiziert. Zweitens werden berufliche Umwelten wie Ar-
beitsplatzmerkmale und -anforderungen beschrieben und Berufe nach ihren Eignungsvoraussetzungen klassifiziert. Im dritten Schritt werden
Personen Arbeitsumwelten bzw. Berufstätigkeiten so zugeordnet, dass es
eine möglichst hohe Übereinstimmung zwischen den Personenmerkmalen
und den Tätigkeitsmerkmalen gibt.

Beratungs-ansatz

In Bezug auf die berufliche Leistung zeigen empirische Befunde, dass kognitive Leistungsindikatoren (vereinfacht gesagt: allgemeine Intelligenz) eine bessere Prognose erlauben als nichtkognitive Persönlichkeitsmerkmale (z. B. Schmidt & Hunter, 1998). Von den Persönlichkeitsmerkmalen boten Gewissenhaftigkeit und Integrität in der Meta-Analyse von Schmidt und Hunter die beste Vorhersage für beruflichen Erfolg.

In einer Meta-Analyse von Kanfer et al. (2001) zeigte sich, dass Extraversion und Gewissenhaftigkeit mit größerem Erfolg bei der Jobsuche einhergehen als andere Persönlichkeitsmerkmale und dass Neurotizismus eher hinderlich ist. Diese Befunde gelten aber unabhängig von bestimmten Berufstätigkeiten und sind daher nicht für eine differenzierte Berufswahl/-beratung geeignet. Andererseits ist die zweite interessierende Frage, ob ein Beruf für eine Person geeignet ist, die Person also durch seine Ausübung Zufriedenheit und Wohlbefinden erfährt, eher durch Persönlichkeitsmerkmale wie emotionale Stabilität und Extraversion vorhersagbar (vgl. Tokar, Fischer & Subich, 1998).

Theorie der Arbeitsangepasstheit

Eine Erweiterung des differenzialpsychologischen Ansatzes in Bezug auf das Verhalten in der Berufstätigkeit stellt die Theorie der Arbeitsangepasstheit von Dawis und Lofquist dar. Die Autoren gehen davon aus, dass die Berufstätigen kontinuierlich nach Übereinstimmung mit ihrer Arbeitsumwelt streben (vgl. Brown, 1994). Menschen unterscheiden sich darin, ob sie ihre Umwelt eher aktiv gestalten, um die Übereinstimmung zu erreichen oder ob sie sich eher anpassen, um Übereinstimmung zu erreichen. Weitere Unterschiede bestehen darin, wie schnell sich eine Person auf Abweichungen einstellen kann und wie gut sie Abweichungen tolerieren kann.

Der Grad der Arbeitsanpassung drückt sich in der Verweildauer in einer Berufstätigkeit aus: Wenn die Fähigkeiten einer Personen zu den Anforderungen der Tätigkeit passen, wird die Person zufriedenstellende Leistungen erbringen. Wenn das Befriedigungspotenzial der Tätigkeit zur Bedürfnisstruktur der Person passt, so wird sie zufrieden sein und sich wohlfühlen. Sind Leistung und Zufriedenheit gegeben, so wird die Person im Job verbleiben. Erbringt die Person zwar die geforderte Leistung, ist aber unzufrieden, so wird sie von sich aus kündigen und eine andere Arbeitsstelle suchen. Ist die Person zwar zufrieden, erbringt aber nicht die geforderte Leistung, so wird sie entlassen werden.

Es gibt eine Vielzahl empirischer Studien zu diesem Ansatz. Allerdings sind die Befunde uneinheitlich, so dass bislang nicht von einer Bestätigung der Annahmen ausgegangen wird (Bergmann, 2004).

2.2.2 Die Berufswahltheorie von Holland

Die Berufswahltheorie von Holland (1997) weist Ähnlichkeiten mit dem differenzialpsychologischen Ansatz auf. So geht auch Holland davon aus, dass sich Menschen in berufsrelevanten Persönlichkeitsmerkmalen ebenso wie Berufstätigkeiten in ihren Charakteristika voneinander unterscheiden. Außerdem wird angenommen, dass Menschen dann besonders erfolgreich im Sinne beruflicher Leistung und Zufriedenheit sind, wenn beide Merkmalsgruppen möglichst gut zur Deckung kommen. Holland sieht die berufliche Stabilität, d.h. den Verbleib innerhalb der Tätigkeit, als weiteres Erfolgskriterium (vgl. Rolfs, 2001). Die Theorie von Holland geht allerdings in wesentlichen Punkten über den zuvor geschilderten Ansatz hinaus.

Ziel: zu Interessen passende Berufswahl

Weiteres Erfolgskriterium: Verbleib in der Tätigkeit

So liegt ihr großer Vorteil darin, dass Personen aufgrund ihrer Merkmale in wenige Interessenstypen kategorisiert und dass dieselben Kategorien verwendet werden, um berufliche Umwelten zu beschreiben. Da die Theorie von Holland von vielen Experten auf dem Gebiet der Berufspsychologie beeinflusst wurde und selbst auf andere Theorien gewirkt hat, sie mit mehr als 450 Studien umfangreich erforscht wurde und in der praktischen Anwendung sehr weit verbreitet ist (vgl. Weinrach & Srebalus, 1994), wird sie hier genauer dargestellt.

Grundannahmen der Theorie

Hollands Anliegen war es, eine einfache und leicht anwendbare Theorie zu formulieren. Die vier Hauptannahmen seiner Theorie sind folgende (vgl. Bergmann, 2004; Rolfs, 2001; Weinrach & Srebalus, 1994):

Grundannahmen der Theorie von Holland
1. Personenmodell: Menschen lassen sich in Interessentypen kategorisieren
Die meisten Menschen des westlichen Kulturkreises lassen sich durch sechs Interessentypen (Idealtypen) charakterisieren. Die Interessen sind Ausdruck ihrer Persönlichkeit und als solche relativ stabil. Die Interessentypen heißen im Original: realistic, investigative, artistic, social, enterprising, conventional. Ein Interessentyp ist üblicherweise dominant, und drei Typen reichen zur Beschreibung einer Person aus.
2. Umweltmodell: Es gibt sechs Arten von Umwelten
Analog der Kategorien des Personenmodells lassen sich berufliche Umwelten mit den Begriffen realistic, investigative, artistic, social, enter-

Wenige Kategorien zur Beschreibung von Interessen und Tätigkeiten prising und conventional beschreiben. Diese Charakterisierung ergibt sich im Wesentlichen aus dem Interessentyp der Personen, die in der jeweiligen Umwelt tätig sind, sowie aus Merkmalen der Tätigkeit und ihrer physikalischen Bedingungen.

3. Jeder Mensch sucht sich eine passende Umwelt
Menschen suchen sich Umwelten, die ihnen erlauben, ihre Fähigkeiten, Interessen und Werte einzubringen, d. h. sie streben nach Kongruenz zwischen ihrer Persönlichkeit und der beruflichen Tätigkeit.

4. Verhalten ist das Ergebnis der Interaktion von Persönlichkeit und Umwelt
Aufgrund der Kenntnis des Interessentyps der Person und ihrer beruflichen Umwelt lassen sich Vorhersagen über das Verhalten treffen. Diese Prognosen beziehen sich auf Berufswahl, Berufswechsel und Berufserfolg.

Die Entwicklung der individuellen Interessentypen wird nach Ansicht von Holland durch Veranlagung (z. B. Intelligenz, spezifische Begabungen, Geschlecht) und die persönliche Lebensgeschichte (d. h. die individuelle Sozialisation durch Familie, Schule und Gleichaltrige) beeinflusst, die sich beispielsweise in Werthaltungen und Aktivitätsangeboten ausdrückt (vgl. Rolfs, 2001).

Die sechs Interessen- bzw. Umwelttypen werden durch die Anfangsbuchstaben der englischen Begriffe abgekürzt und immer in derselben Reihenfolge durch das Akronym RIASEC dargestellt. Sie lassen sich folgendermaßen beschreiben (Bergmann, 2004; Mörth & Söller, 2005; Rolfs, 2001; Weinrach & Srebalus, 1994):

Beschreibung der Interessen- und Umwelttypen

Interessen- bzw. Umwelttypen
Praktisch-technische Orientierung (realistic – R)
– Systematische Handhabung von Maschinen und Werkzeugen – Umgang mit Tieren – Kraft, Koordinationsfähigkeit und Geschicklichkeit sind gefordert – Sichtbare Ergebnisse werden angestrebt – Fähigkeiten im mechanischen, technischen, elektrotechnischen und landwirtschaftlichen Bereich sind gefordert – Geringe soziale Fähigkeiten, kein Interesse an sozialen und erzieherischen Tätigkeiten – z. B. Tischler, Landwirt, Mechanikerin

24

Wissenschaftliche/intellektuell-forschende Orientierung (investigative – I)

- Auseinandersetzung mit physischen, biologischen, kulturellen Phänomenen
- Analytische und methodische Herangehensweise sind gefordert
- Neugier ist hilfreich
- Fähigkeiten liegen vorwiegend im mathematischen und naturwissenschaftlichen Bereich
- Systematische Beobachtung von Phänomenen
- Meist geringe Führungsqualitäten
- z. B. Physikerin, Soziologe

Künstlerisch-sprachliche Orientierung (artistic – A)

- Offene, unstrukturierte und originelle Aktivitäten werden bevorzugt
- Künstlerische Selbstdarstellung ist wichtig
- Schaffung kreativer Produkte wird angestrebt
- Fähigkeitsschwerpunkt im künstlerischen, sprachlichen, musikalischen Bereich sowie in Schauspielerei und Schriftstellerei
- Häufig wenig organisatorisches Geschick
- z. B. Schauspieler, Grafiker, Schriftstellerin

Soziale Orientierung (social – S)

- Interessensschwerpunkte liegen im Unterrichten, Ausbilden, Versorgen und Pflegen
- Fähigkeitsschwerpunkte liegen im Bereich interpersoneller Beziehungen
- Gemieden wird systematischer Umgang mit Maschinen
- z. B. Sozialarbeiterin, Krankenpfleger, Lehrer

Unternehmerische Orientierung (enterprising – E)

- Menschen mit dieser Orientierung wollen andere beeinflussen, Macht ausüben, um Unternehmensziele zu erreichen oder Gewinne zu maximieren
- Stärken liegen im Bereich der Führung und Überzeugung anderer
- Vermieden werden Tätigkeiten systematischer Art
- z. B. Versicherungsverkäufer, Handelsvertreterin

Konventionelle Orientierung (conventional – C)

- Schwerpunkte der Interessen liegen darin, mit Informationen nach vorgegebenen Regeln umzugehen, Aufzeichnungen zu führen, Daten zu strukturieren, mit Büromaschinen zu arbeiten
- Tätigkeitsschwerpunkte: systematische Organisation, Verwaltung, Reproduktion von Material oder Daten

- Fähigkeiten liegen im rechnerischen und geschäftlichen Bereich
- Gemieden werden künstlerische Aktivitäten
- z. B. Verwaltungsbeamter, Steuerprüferin, Buchhalter

**Ein Interessen-
typ ist meist
dominant**

Die ursprüngliche Annahme, dass Menschen sich durch eine der sechs Interessenkategorien beschreiben lassen, wurde revidiert zugunsten der These, dass es neben dem dominanten Typ auch Subtypen gibt, die gemeinsam eine genauere Beschreibung der Persönlichkeitsstruktur im Sinne eines Interessenprofils erlauben. Zur Kennzeichnung dieser Profile hat sich die Konvention etabliert, einen sog. Drei-Buchstaben-Code aus den Anfangsbuchstaben der drei am stärksten ausgeprägten Typen zu bilden in der Reihenfolge ihrer Stärke. So wäre beispielsweise bei einer Person mit der Kennzeichnung ISA die forschende Komponente am stärksten, gefolgt von der sozialen und der künstlerischen.

**3-Buchstaben-
Code zur Be-
schreibung von
Interessen**

Sekundäre Konzepte

Holland hat seine Theorie im Laufe der Zeit durch zusätzliche Annahmen konkretisiert. Von ihnen werden hier nur jene dargestellt, die einerseits empirische Bestätigung gefunden haben und andererseits für das Thema Outplacement relevant sind. Holland hat Annahmen über den Zusammenhang zwischen den sechs Kategorien zur Beschreibung von Personen und Umwelten formuliert. Demnach sind sich die Interessen- bzw. Umwelttypen bzgl. ihrer Inhalte unterschiedlich ähnlich. Die Ähnlichkeitsbeziehungen lassen sich in einem Hexagon anschaulich darstellen (s. Abb. 3).

**Je geringer die
Distanz, desto
ähnlicher die
Orientierung**

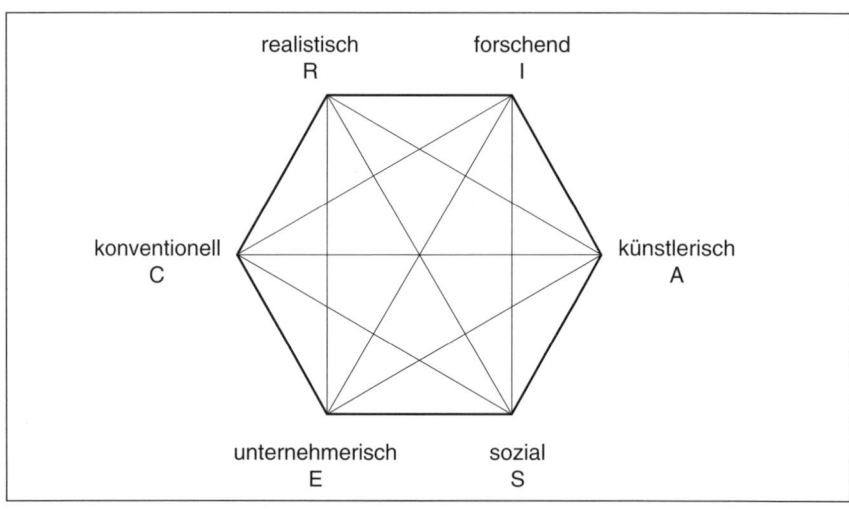

Abbildung 3:
Hexagonales Modell zur Darstellung der Struktur bzw. Ähnlichkeit von beruflichen
Interessen und Umwelten

26

Danach sind sich benachbarte Orientierungen ähnlicher als weiter entfernt angeordnete, d.h. beispielsweise, eine soziale Orientierung ist gleich ähnlich zu einer unternehmerischen wie zu einer künstlerischen. Sie weist weniger Ähnlichkeit mit einer konventionellen und einer forschenden Orientierung auf. Am unähnlichsten ist sie der realistischen Orientierung. Dieses Modell dient über die Länge der Verbindungslinien auch als Berechnungsgrundlage für die Ermittlung von Kennwerten zur Passung von Person und Umwelt. In diesem Zusammenhang ist das Konstrukt der Konsistenz interessant. Holland geht davon aus, dass bei einer Person eine hohe Konsistenz der Interessen vorliegt, wenn die dominierenden Interessen dicht beieinander liegen. Je höher die Konsistenz ist, desto eindeutiger sind die beruflichen Präferenzen einer Person.

Hohe Konsistenz: dicht beieinander liegende Interessen

Je weniger Orientierungen ausreichen, um die Interessen einer Person umfassend und zutreffend zu beschreiben, desto klarer oder eindeutiger ist das Profil einer Person. Holland spricht in diesem Fall von einer hohen Differenziertheit.

Hohe Differenziertheit: eindeutiger Interessenschwerpunkt

Eine weitere Annahme wird als Kongruenzhypothese bezeichnet. Nach ihr ist davon auszugehen, dass Menschen, die eine Berufstätigkeit ausüben, die mit ihrem Interessenprofil übereinstimmt (ermittelt mit Hilfe des hexagonalen Modells), eine größere Arbeitszufriedenheit, höhere Zufriedenheit mit ihrer Berufswahl, stärkere Verbundenheit mit dem Beruf, einen längeren Verbleib in der Tätigkeit und ein höheres Leistungsniveau erreichen werden als Menschen mit geringer Kongruenz (vgl. Bergmann, 2004; vgl. Rolfs, 2001).

Kongruenz: höherer Erfolg bei Deckung von Interessen und Tätigkeit

Befunde

Insgesamt gibt es vielfältige Belege für die Gültigkeit der Theorie von Holland, die allerdings nicht für alle Teilaspekte gleich homogen sind. Als belegt gelten die sechs genannten Kategorien, die sich in Form eines Hexagons anordnen lassen, die Abstände scheinen allerdings nicht so idealtypisch zu sein wie im Modell (vgl. Bergmann, 2004; vgl. Weinrach & Srebalus, 1994). Auch der Bezug zwischen Persönlichkeit und Interessen gilt als gesichert (siehe Kasten, vgl. Bergmann, 2004; vgl. Tokar et al., 1998).

Kategorisierung in sechs Interessen bestätigt

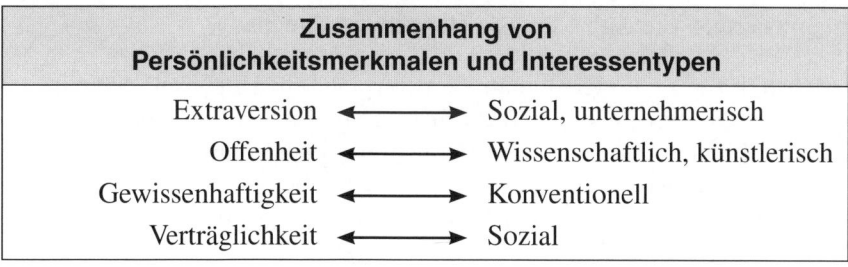

Zusammenhang von Persönlichkeitsmerkmalen und Interessentypen	
Extraversion ⟷	Sozial, unternehmerisch
Offenheit ⟷	Wissenschaftlich, künstlerisch
Gewissenhaftigkeit ⟷	Konventionell
Verträglichkeit ⟷	Sozial

Auch konnte gezeigt werden, dass die Berufswahl in Übereinstimmung mit den Interessen erfolgt und dass Kongruenz zu höherer Zufriedenheit, Angepasstheit und beruflicher Stabilität führt (Bergmann, 2004; Weinrach & Srebalus, 1994). Je genauer die Vorstellungen einer Person bzgl. ihrer Interessen sind und je klarer das Profil der Tätigkeit im Sinne des Modells ist, desto höher sind das berufliche Engagement, die Arbeitszufriedenheit und das gewählte Tätigkeitsniveau (Weinrach & Srebalus, 1994).

2.2.3 Die Theorie der Berufsentwicklung von Super

Während die beiden bisher geschilderten Ansätze einen klaren inhaltlichen Schwerpunkt setzen, d. h. zu erklären versuchen, warum ein Mensch sich für einen bestimmten Beruf entscheidet und damit zufrieden ist, und sich dabei auf die berufliche Erstwahl konzentrieren, steht bei Super die Laufbahnentwicklung im Vordergrund. Super selbst bezeichnet sein Modell als „segmentäre Theorie" (Super, 1994, S. 227) und meint damit eine Sammlung von Theorieteilen, die bislang nicht zu einem einzigen Ansatz integriert wurden. Ebenso wie die beiden zuvor geschilderten Ansätze geht auch Super davon aus, dass sich jeder Mensch durch sein individuelles Persönlichkeitsprofil auszeichnet und dadurch für verschiedene Berufe geeignet ist. Jeder Beruf ist durch ein Anforderungsprofil charakterisiert, so dass jeder Beruf für unterschiedliche Personen passt. Er sieht die sozialkognitive Lerntheorie, die in Kapitel 2.2.4 beschrieben wird, als wichtige Ergänzung zu seinem Modell. Aufgrund seiner Entwicklungsorientierung ist der Ansatz wichtig für das Thema Outplacement. Im Folgenden werden vier wesentliche Konstrukte der Theorie und die mit ihnen verbundenen Annahmen vorgestellt.

Selbstkonzepte: Entwicklung und Veränderung aufgrund von Erfahrungen

Für die Mehrzahl der Erwachsenen ist die Berufstätigkeit ein zentraler Lebensinhalt und Grundlage ihrer Persönlichkeitsorganisation. Berufliche Präferenzen, individuelle Fähigkeiten und Selbstkonzepte entwickeln und verändern sich aufgrund von Erfahrungen, die Menschen über die Zeit hinweg machen. Dennoch kommt es im Verlauf des Lebens zu einer gewissen Stabilisierung, die Anpassungsleistungen ermöglicht.

Selbstkonzepte sind Teile unseres Selbstbilds

Selbstkonzepte sind Kombinationen von sich selbst zugeschriebenen Eigenschaften. Beispiele sind das Zutrauen, bestimmte Aufgaben bewältigen zu können oder Rollenvorstellungen. Super selbst sieht eine enge Verbindung seines Selbstkonzeptpostulats mit der Kongruenztheorie von Holland. Entsprechend ist das berufliche Selbstkonzept die eigene Wahrnehmung und Einschätzung eines Menschen in Bezug auf seinen Beruf.

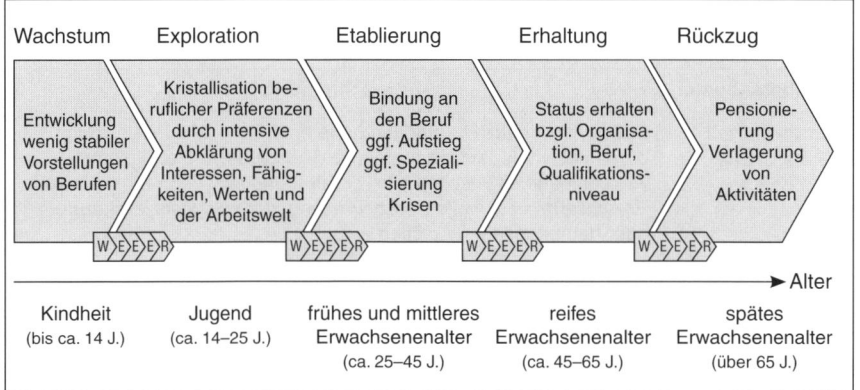

Abbildung 4:
Laufbahnstadien mit ihren Entwicklungsaufgaben
(eigene Darstellung nach Bergmann, 2004 und Super, 1994)

Die Entwicklung der Selbstkonzepte beginnt in der familiären Umgebung und setzt sich durch zunehmende Erfahrungen in der individuell spezifischen Umwelt fort. Diese Selbstkonzepte werden später auf den beruflichen Bereich zunächst in eher stereotyper Weise übertragen und umgesetzt. Die berufliche Entwicklung kann durch Angebote zur Entwicklung und Realitätserprobung von Fähigkeiten, Interessen und Selbstkonzepten gefördert werden. Dabei vergleicht die Person fortwährend die Passung zwischen den eigenen Vorstellungen (Selbstkonzepte) und den Anforderungen der Tätigkeit (Berufskonzepte). Außerdem spielen Feedbackprozesse durch die Umwelt eine große Rolle (soziales Lernen, vgl. Kap. 2.2.4). Wie Holland geht Super davon aus, dass Menschen Berufe wählen, beibehalten und mit größerer Zufriedenheit ausüben, die ihnen eine bestmögliche Selbstkonzept-Berufskonzept-Übereinstimmung bieten. Gleichwohl nimmt Super an, dass diese Übereinstimmung immer nur vorübergehend ist, so dass immer wieder Anpassungen erforderlich sind.

Berufskonzepte sind Vorstellungen über Berufe

Berufliche Entwicklungsstadien

Der berufliche Veränderungsprozess (Maxizyklus) von Erwerbstätigen verläuft in den fünf charakteristischen Phasen Wachstum, Exploration, Etablierung, Erhaltung und Rückzug (s. Abb. 4). Jede Phase (für die Altersangaben nur in sehr vager Form gemacht werden können) ist durch bestimmte, von der Gesellschaft ausgehende Herausforderungen bzw. Entwicklungsaufgaben gekennzeichnet. Bei jedem Übergang zur nächsten Phase kommt es zu einem Minizyklus (d.h. alle Phasen des Maxizyklus werden in geringerem Ausmaß durchlaufen), der auch dann auftritt, wenn eine Person destabilisiert wird, wie z.B. durch Krankheit, Veränderungen des Arbeitsangebots oder sozioökonomische Ereignisse (vgl. Bergmann, 2004; vgl. Super, 1994).

Berufliche Entwicklung vollzieht sich in Phasen

29

Laufbahnmuster nach Super (entnommen aus Bergmann, 2004, S. 365f.)

Laufbahnmuster	Beschreibung
Konventionell	Das konventionelle Laufbahnmuster entspricht dem in Abbildung 4 dargestellten Verlauf, nach dem im Anschluss an die Exploration verschiedener Tätigkeiten eine gewählt und sich darin etabliert wird. Es schließt in der weiteren Entwicklung auch die Spezialisierung oder den beruflichen Aufstieg ein.
Stabil	Nach Ausbildung oder Studium wird ein Beruf gewählt, in dem die Person für die Dauer ihrer Berufstätigkeit verbleibt, ohne dass es nennenswerte Weiterentwicklungen gibt.
Instabil	Es kommt zu einem bzw. mehreren Wechseln der Tätigkeiten, d.h. es wird kein lebenslanger Beruf ausgebildet.
Multipel/ provisorisch	Kennzeichnend sind kurzfristige Tätigkeiten und häufige Tätigkeitswechsel, die unsystematisch aufeinander folgen.
Unterbrochen	Die Berufstätigkeit wird aufgrund der Geburt und Betreuung eines Kindes für längere Zeit ausgesetzt.
Doppelgleisig	Nach kurzer Unterbrechung der Berufstätigkeit aufgrund der Geburt eines Kindes wird die Tätigkeit bei gleichzeitiger Haushaltsführung bald wieder aufgenommen.

Laufbahnmuster

Super unterscheidet typische Laufbahnmuster, von denen er zwei speziell für Frauen formuliert hat. In Tabelle 3 werden jene vorgestellt, die in Bezug zur Berufstätigkeit stehen (vgl. Bergmann, 2004). Auf Muster, die nicht im Zusammenhang mit Erwerbstätigkeit stehen, wird nicht eingegangen.

Das tatsächliche Laufbahnmuster einer Person bezüglich Niveau, Dauer und Häufigkeit von beruflichen Tätigkeiten ist abhängig von persönlichen Merkmalen (wie Fähigkeiten, Interessen und Werten), sozio-ökonomischen (wie sozialer Status der Eltern) und Merkmalen des Arbeitsmarktes mit seinem Angebot an Tätigkeitsmöglichkeiten.

Laufbahn- oder Berufs- bzw. Berufswahlreife

Eine weitere Rolle für das persönliche Laufbahnmuster spielt die sog. Laufbahn-, Berufs- oder Berufswahlreife. Dieses Konzept in Supers Theorie bezeichnet die Fähigkeit und Bereitschaft, die von der Gesellschaft gestellten Entwicklungsaufgaben (s. Abb. 4) erfolgreich zu bewältigen, d.h. berufliche Entscheidungen zu treffen. Für das Erwachsenenalter schlägt Super statt des Begriffs Berufsreife den der beruflichen Anpassungsfähigkeit vor. Werden die Entwicklungsaufgaben effektiv bewältigt, sollte das zu Zufriedenheit, Verbundenheit mit dem Beruf und beruflichem Erfolg führen (vgl. Bergmann, 2004).

Erfolgreiche Bearbeitung von Entwicklungsaufgaben

Empirische Befunde

Aufgrund der fehlenden Integration verschiedener Elemente der Theorie wurden nur Teilbereiche in Studien überprüft. Bestätigt wurden die beruflichen Entwicklungsstadien, das Konzept der Laufbahn- oder Berufsreife sowie die Annahme, dass Menschen sich zu ihnen passende Berufe suchen, und dass diese Selbstkonzept-Berufskonzept-Kongruenz zu höherer Berufszufriedenheit führt (vgl. Bergmann, 2004; Super, 1994).

2.2.4 Berufliche Entscheidungsfindung als sozial-kognitiver Lernprozess

Theoretischer Bezugspunkt dieser Modellgruppe

Die Modelle, die berufliche Entscheidungsprozesse als Ergebnis sozialer Lernerfahrungen konzipieren, beziehen sich in ihren Grundlagen auf die soziale Lerntheorie, die Bandura als allgemeine Verhaltenstheorie formuliert hat (Bandura, 1986). Danach sind die Persönlichkeit des Menschen und sein Verhaltensrepertoire nicht in erster Linie durch genetische Faktoren bedingt, sondern entwickeln sich durch seine individuellen Lernerfahrungen in der Auseinandersetzung mit seiner Umwelt (vgl. Mitchell & Krumboltz, 1994).

Zu den Annahmen der sozialen Lerntheorie, die für die Modelle des beruflichen Bereichs aufgegriffen wurden, gehören zwei Formen des sozialen Lernens. Lernen besteht im Erleben von Ereignissen und seinen Konsequenzen sowie der kognitiven Verarbeitung dieses Erlebens.

Lernformen nach der sozialen Lerntheorie von Bandura
Instrumentelle Lernerfahrungen
Menschen bemerken, dass ihr Verhalten von anderen positiv oder negativ verstärkt, d. h. belohnt oder bestraft, wird. Die belohnten Verhaltensweisen werden zukünftig häufiger gezeigt, weil sie es dem Menschen erlauben, sich effizient in seiner Umwelt zu bewegen. Die Wiederholung führt zur besseren Beherrschung des Verhaltens, so dass es auf die Dauer auch ohne positive Reaktionen aus der Umwelt als reizvoll wahrgenommen und gezeigt wird. Umgekehrt entsteht eine Abneigung gegen Verhaltensweisen, die von relevanten Personen häufiger bestraft wurden, und sie werden zukünftig seltener gezeigt.
Stellvertretende Lernerfahrungen oder Lernen am Modell
Einen Großteil unserer Fähigkeiten und Präferenzen erwerben wir, indem wir andere Menschen beobachten und später ihr von anderen positiv

Lernen durch Belohnung und Bestrafung

verstärktes Verhalten nachahmen. Diese stellvertretenden Lernerfahrungen können durch direkte Beobachtung anderer Personen wie auch die Informationsverarbeitung von Ideen aus Medien (Fernsehen, Zeitschriften, Bücher etc.) entstehen.

Krumboltz' Theorie der Berufswahl als sozialem Lernprozess

Krumboltz hat die Grundgedanken der sozialen Lerntheorie auf den beruflichen Bereich übertragen (Mitchell & Krumboltz, 1994), um zu untersuchen, warum Menschen ihre jeweiligen beruflichen Entscheidungen treffen. Der lerntheoretische Ansatz ist das jüngste und ein umfassendes Modell zur Erklärung des Berufswahlverhaltens (Bergmann, 2004). Krumboltz unterscheidet vier Faktorengruppen, die in vielfältigen Kombinationen auftreten können und die diese Entscheidungen maßgeblich beeinflussen. Diese Faktorengruppen sind folgende:

– *Genetische Ausstattung und Begabungen*: Ererbte Veranlagungen beeinflussen berufliche Präferenzen und können beruflicher Begabung und Qualifikation Grenzen setzen. Menschen sind mit unterschiedlichen Merkmalen ausgestattet (z. B. Geschlecht, ethnische Herkunft, körperliche Merkmale) und profitieren durch angeborene Fähigkeiten (z. B. Intelligenz, Musikalität) in unterschiedlichem Ausmaß von spezifischen Lernerfahrungen.
– *Umweltbedingungen und -ereignisse*: Die gesellschaftlichen und wirtschaftlichen Bedingungen wie Gesetze, Rohstoffvorkommen, Infrastruktur, Bildungssystem und technologische Entwicklungen hängen eng mit berufsrelevanten Faktoren wie den Ausbildungserfahrungen und Werten in der Familie, der Art und Anzahl der Arbeitsplätze und den Regeln und Methoden der Personalauswahl zusammen.
– *Lernerfahrungen*: Die oben geschilderten Formen von Lernerfahrungen mit ihren Verstärkungsmustern bewirken, dass unterschiedliche berufliche Klischees und berufliche Präferenzen ausgebildet werden
– *Aufgaben- und Problemlösefähigkeiten*: Das sind erlernte Erkenntnis- und Handlungsfähigkeiten, die aus dem Zusammenwirken von genetisch bedingten Merkmalen und Begabungen, Umwelteinflüssen und Lernerfahrungen entstehen. Dazu gehören beispielsweise Denk- und Arbeitsgewohnheiten, Einstellungen und emotionale Reaktionen.

Für berufliche Entscheidungsprozesse sind folgende Problemlösefähigkeiten von besonderer Wichtigkeit (Mitchell & Krumboltz, 1994, S. 173f.):

Bedeutende Problemlösefähigkeiten in Bezug auf berufliche Entscheidungen
1. Wichtige Entscheidungssituationen erkennen können
2. Eine Aufgabe/Entscheidung praktisch und realistisch definieren können

3. Generalisierte Selbstbeobachtungen und Weltanschauungen untersuchen und genau einschätzen können
4. Ein breites Spektrum an Alternativen berücksichtigen können
5. Notwendige Informationen zu diesen Alternativen sammeln können
6. Entscheiden können, welche Informationsquellen am verlässlichsten, genauesten und wichtigsten sind
7. Diese Abfolge von sechs Schritten entscheidungsrelevanter Verhaltensweisen planen und durchführen können

Die Problemlösefähigkeiten weisen einen engen Bezug zum Berufsreifekonzept von Super auf (vgl. Super, 1994, S. 247). Weitere für berufliches Wahlverhalten wichtige Kompetenzen, die z.T. in den zuvor genannten Schritten enthalten sind, sind nach Mitchell und Krumboltz (1994) Werteklärung, Zielsetzung, Zukunftsprognose sowie realistische Einschätzung der eigenen Fähigkeiten und Möglichkeiten.

Die individuell erlebten Faktorenkombinationen und ihre kognitive Verarbeitung führen zu Überzeugungen und Verallgemeinerungen, in denen sich die Realität des einzelnen Menschen ausdrückt. Krumboltz und Kollegen unterscheiden generalisierte Selbstbeobachtungen und generalisierte Weltanschauungen. Erstere sind das Ergebnis eines Prozesses, in dem die laufenden Beobachtungen und Bewertungen des eigenen Verhaltens im Vergleich zu anderen in Verallgemeinerungen in drei Bereichen verdichtet werden. Das sind erstens Überzeugungen zu Fähigkeiten in Bezug auf spezifische Aufgaben (sog. Aufgabenwirksamkeit), zweitens Interessen, die Präferenzen für bestimmte Tätigkeiten hervorrufen, und drittens Wertvorstellungen, die das eigene Verhalten leiten. Die Beobachtung der eigenen Person, anderer Menschen und der Umweltbedingungen führt außerdem zu generalisierten Weltanschauungen (z.B. „Alle Topmanager sind geldgierig"). Diese Generalisierungen haben den Vorteil, die Verarbeitung neuer Eindrücke und die Entscheidung für eigene Verhaltensweisen zu vereinfachen. Das Ausmaß, in dem diese generalisierten Selbstbeobachtungen und Weltanschauungen zutreffend sind, hängt von der Anzahl und Repräsentativität der zugrundeliegenden Beobachtungen ab.

Generalisierte Selbstbeobachtungen und Weltanschauungen

Die Selbstwirksamkeitstheorie der beruflichen Entwicklung

Ein aktuelles Modell zu Interesse, Wahl und Leistung im beruflichen Bereich von Lent, Brown und Hackett (1994) setzt ebenfalls auf der allgemeinen sozial-kognitiven Lerntheorie von Bandura auf. Die Autoren fokussieren auf das bei Bandura zentrale Konzept der Selbstwirksamkeit (Bandura, 1977).

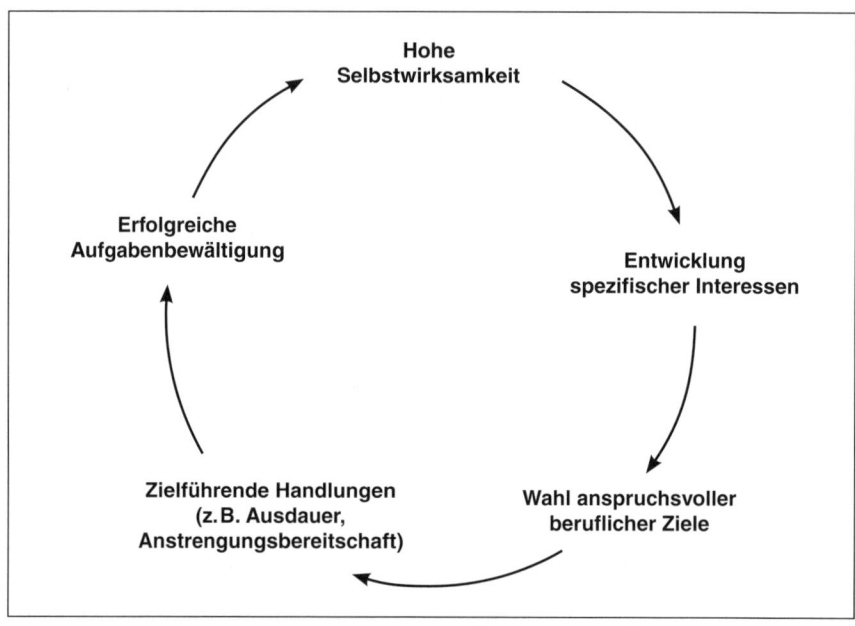

Abbildung 5:
Schematische Darstellung der sich selbst verstärkenden Wirkung beruflicher
Selbstwirksamkeit

Selbstwirksamkeit meint die Überzeugung einer Person, erfolgreich eine bestimmte Aufgabe zu bewältigen oder ein Verhalten zeigen zu können. Selbstwirksamkeitsüberzeugungen sind dynamisch, d.h. aufgrund von Erfahrungen veränderbar, und spezifisch für bestimmte Leistungsbereiche ausgeprägt. Die Selbstwirksamkeit bezieht sich stärker auf subjektive Einschätzungen als auf objektive Fähigkeiten (vgl. Brooks, 1994).

Berufliche Selbstwirksamkeit hat einen starken Einfluss auf das berufsbezogene Verhalten einer Person unabhängig von ihren tatsächlichen Kompetenzen. Dieser Zusammenhang ist in Anlehnung an Bergmann (2004) in Abbildung 5 schematisch dargestellt: Eine hohe Selbstwirksamkeit führt zur Ausbildung spezifischer Interessen und der Wahl anspruchsvoller Ziele. Diese Ziele fördern zielführendes Handeln, was eine erfolgreiche Aufgabenbewältigung wahrscheinlicher macht. Gelingt sie, so steigert dieser Erfolg das Gefühl der Selbstwirksamkeit. Der Verstärkungsmechanismus funktioniert nicht nur in positiver Weise, wie in der Graphik dargestellt, sondern auch umgekehrt. So kann eine geringe Selbstwirksamkeit dazu führen, dass keine speziellen Interessen entwickelt, wenig anspruchsvolle Ziele formuliert und diese dann auch bestenfalls halbherzig verfolgt werden. Dadurch ist die Chance für eine erfolgreiche Aufgabenbewältigung gering, was wiederum eine geringe Selbstwirksamkeit fördert.

Zusätzlich unterscheiden Lent et al. (1994) zwischen Ergebnis- bzw. Erfolgserwartungen und persönlichen Zielen. Erfolgserwartungen beziehen sich auf die antizipierten Konsequenzen des eigenen Verhaltens, die nicht nur vom eigenen Vermögen, sondern auch von der Reaktion der Umwelt abhängig sind. Sie sind speziell dann von Bedeutung für Motivation und Verhalten, wenn die Ergebnisse nur in losem Zusammenhang zur Leistung der Person stehen. Das gilt beispielsweise dann, wenn jemand zwar sicher ist, eine berufliche Tätigkeit erfolgreich ausüben zu können (hohe Selbstwirksamkeit), aber gar keine Chance hat, die Stelle zu bekommen, weil sie über Beziehungen vergeben wird, über die sie nicht verfügt (geringe Erfolgserwartung). Persönliche Ziele sind definiert als Entschlossenheit, eine bestimmte Aktivität aufzunehmen oder ein bestimmtes Ergebnis zu bewirken. Sie organisieren und steuern das Verhalten einer Person, bestimmen Ausdauer und Anstrengung, ohne dass eine externe Verstärkung gegeben sein muss. Auch Ergebniserwartungen und Ziele werden durch Lernerfahrungen erworben und modifiziert.

Erfolgserwartungen hängen von Selbstwirksamkeit und Umweltbedingungen ab

Empirische Befunde zu sozial-kognitiven Modellen

Es gilt als gesichert, dass sich berufliche Präferenzen durch die positive Verstärkung von berufsbezogenem Verhalten, durch ein positiv bewertetes Modell oder durch einen geschätzten Menschen ausbilden (vgl. Bergmann, 2004). In Bezug auf die Problemlösefähigkeiten wurde das Informationssuchverhalten am häufigsten erforscht. Es konnte gezeigt werden, dass Suchverhalten durch positive Verstärkung des Suchverhaltens und durch die praktische Erprobung der Tätigkeit gefördert werden kann (vgl. Mitchell & Krumboltz, 1994). Ferner zeigte sich in mehreren Studien, dass die Selbstwirksamkeit das berufliche Verhalten deutlich beeinflusst (vgl. Brooks, 1994). So können aus bereichsspezifischen Selbstwirksamkeitsmaßen Vorhersagen auf Interessen, Berufswahlen, Leistungen und Verweildauer, berufliche Unentschiedenheit und Explorationsverhalten abgeleitet werden (vgl. Bergmann, 2004). Weiterhin hat sich die Annahme bestätigt, dass die erfolgreiche Ausführung einer Tätigkeit das Interesse daran und die diesbezügliche Selbstwirksamkeit steigert (vgl. Bergmann, 2004). Für den Bereich der Jobsuche hat sich gezeigt, dass hohe Selbstwirksamkeit nicht nur mit einem stärkeren Ausmaß an Suchaktivitäten und höherer Ausdauer, sondern auch mit einer höheren Wahrscheinlichkeit einhergeht, einen Job zu erhalten (Eden & Aviram, 1993; Kanfer & Hulin, 1985; Kanfer et al., 2001; Wanberg, Glomb, Song & Sorenson, 2005). Gainor (2006) gibt einen Überblick über die zahlreichen Studien, in denen berufsbezogene Selbstwirksamkeit (z.B. in den Bereichen Berufswahl, Treffen beruflicher Entscheidungen und berufliche Leistungen) durch Interventionen wie Trainings und Beratung, die auf der sozial-kognitiven Karrieretheorie von Lent und Kollegen basierten, gesteigert werden konnte.

Selbstwirksamkeit bewirkt zielorientiertes ausdauerndes Verhalten und wächst durch Erfolge

2.3 Beratungsmodelle

Für das Thema Outplacement ist nicht nur die Betrachtung der theoretischen Ansätze zu beruflichen Interessen und Entwicklungen relevant. Da es sich bei Outplacement um eine Beratungsleistung handelt, die neben den persönlichen Voraussetzungen der Klienten maßgeblich zum Erfolg der Maßnahme beiträgt, ist es unerlässlich, auch diesen Aspekt zu beleuchten. In der Zusammenarbeit mit Unternehmen bzw. ihren Mitarbeitern sind zwei Beratungsformen gängig: die Expertenberatung und die Prozessberatung. Erstere ist fachlich orientiert, letztere ist in den letzten Jahren verstärkt als systemisch orientierte Beratung anzutreffen. Beide Beratungsformen verfolgen das Ziel, dass die beratenen Personen bzw. das Unternehmen erfolgreicher agieren, auf unterschiedlichen Wegen. Im Folgenden werden Charakteristika und Unterschiede beider Ansätze verdeutlicht. Erfahrene Berater propagieren zunehmend einen integrativen Beratungsansatz, bei dem Fachberater und Prozessberater gleichzeitig in ein Projekt eingebunden sind und zusammenarbeiten (z.B. Königswieser, Sonuc & Gebhardt, 2005) oder die Berater fachliche und systemische Kompetenzen auf sich vereinigen (z.B. Sutrich & Schindlbeck, 2005).

Outplacement braucht Experten-Know-How und systemische Prozessberatung

2.3.1 Fachliche Expertenberatung

> Als Expertenberatung wird eine Dienstleistung bezeichnet, bei der speziell ausgebildete Fachleute mit Kompetenzen auf wirtschaftlichem, technischem, steuerlichem, rechtlichem oder anderem fachspezifischen Gebiet zu inhaltlichen Problemen Stellung nehmen (Königswieser et al., 2005).

Sie erarbeiten konkrete Lösungskonzepte, weil sie in dem Inhaltsgebiet u.U. besser Bescheid wissen als die beratenen Personen oder weniger von „Betriebsblindheit" für die spezifische Situation des Klienten betroffen sind. Sie stützen sich üblicherweise auf standardisiertes Wissen und ziehen für ihre Arbeit Gesetze, Zahlen und Datenmaterial heran. Dieses wird mit Bezug auf Faktoren und Best Practices, die für die Branche bestimmend sind, interpretiert (Sutrich & Schindlbeck, 2005). Das Ergebnis sind explizite Ratschläge zu Vorgehensweisen bis hin zur inhaltlichen Beteiligung an Entscheidungsprozessen. Die Handlungsoptionen leiten sich dabei aus einem unterstellten rationalen Ursache-Wirkungs-Schema ab. Fachliche Expertenberatung wird typischerweise in Krisensituationen gesucht, wenn es darum geht, diese rasch zu bewältigen und kurzfristige Ziele zu erreichen. Der große Vorteil der Fachberatung liegt darin, dass sehr gute Lösungskonzepte entwickelt werden, die dem Klienten ein hohes Maß an Sicherheit vermitteln. Die Kommunikation und Interaktion mit dem Klienten

Expertenwissen vermittelt Sicherheit und rasche Handlungsfähigkeit

stehen dabei nicht im Vordergrund, sondern sind lediglich Mittel für eine effiziente Instruktion, die dem vorgeschlagenen Lösungsansatz zum Durchbruch verhilft (Königswieser et al., 2005). Das individuelle Lernen des Klienten wird in Form von Nachahmung des empfohlenen Verhaltens bzw. der Realisierung der Maßnahmen angestrebt (Sutrich & Schindlbeck, 2005). Gleichwohl bleibt es dem Klienten überlassen, ob er das vorgeschlagene Vorgehen umsetzt.

2.3.2 Systemische Prozessberatung

Im Gegensatz zur fachlichen Expertenberatung steht bei der systemischen Prozessberatung die Individualität des Menschen im Fokus. Es wird weniger auf sachlicher als auf emotionaler und sozialer Ebene gearbeitet (Sutrich & Schindlbeck, 2005). Der systemische Berater ist für den Kunden Begleiter auf dem persönlichen Lern- und Entwicklungsweg (Königswieser et al., 2005; Radatz, 2003). Systemische Beratung zielt auf die Verbesserung der Kommunikations- und Problemlösefähigkeit im Sinne einer längerfristigen und nachhaltigen Entwicklung ab (Königswieser et al., 2005).

Von einigen Autoren (Jonas, Kauffeld & Frey, 2007) wird die systemische Beratung neben der Experten- und der Prozessberatung als eigenständiger Ansatz gesehen, der sich von der Prozessberatung dadurch abhebt, dass durch die Erzeugung von Irritationen durch die Berater und eine distanzierte Betrachtung der eigenen Situation Denk- und Verhaltensmuster erkannt werden können, die für eine effiziente Arbeit hinderlich sind. Diese Betrachtungsweise führt zur Erkenntnis der Auswechselbarkeit dieser Muster. In dieser Darstellung wird der Sichtweise von Königswieser et al. gefolgt, die die systemische Beratung als Form der Prozessberatung konzeptualisieren. Es werden die Grundlagen der systemischen Beratung beschrieben, insoweit sie Bedeutung für das Thema Outplacement besitzen.

Grundprinzipien der systemischen Beratung
1. Kundenorientierung
2. Ressourcenorientierung
3. Neutralität bzw. Allparteilichkeit
4. Lösungsorientierung
5. Systemorientierung

Kundenorientierung bezieht sich darauf, dass Klienten als „kundig", d.h. als Experten betrachtet werden bzgl. ihrer Bedürfnisse und ihrer spezifischen Situation (Hargens, 2004; von Schlippe & Schweitzer, 2003). Kun-

Klienten sind Experten für ihre Situation

den wissen, was sie an ihrer aktuellen Situation stört und was zukünftig anders sein soll (De Jong & Berg, 2003). Sie formulieren ihre Ziele und sind diejenigen, die Beratungsaufträge vergeben für jene Themen, an denen sie arbeiten möchten. Das bedeutet auch, dass eine Beratung nicht verordnet werden kann, sondern immer nur mit Zustimmung der Kunden stattfindet.

Klienten haben alles, was sie für eine wirksame Veränderung benötigen

> Eine zentrale Annahme in der systemischen Denkweise ist, dass die Kunden die Kraft und alle Kompetenzen (Ressourcen) besitzen, die sie benötigen, um Veränderungen herbeizuführen, und dass sie sie lediglich derzeit nicht nutzen (von Schlippe & Schweitzer, 2003).

Es geht in der Beratung um die Freisetzung blockierter Energien, damit die Ressourcen wieder zugänglich sind und für die Formulierung der persönlich relevanten Ziele und deren konsequenter Verfolgung eingesetzt werden können (Königswieser et al., 2005). Aktuelle Schwierigkeiten werden dabei nicht als Defizite verstanden, die behoben werden müssen. Im Gegenteil, es werden sogar die positiven Aspekte problematischer Verhaltensweisen beleuchtet, um die unterliegenden Kompetenzen für die vom Kunden gewünschte Veränderung zu nutzen (Mücke, 2001).

Die Ziel- und Lösungsorientierung hat in der systemischen Beratung eine hohe Bedeutung. Präzise formulierte Ziele sind notwendig, um die Zusammenarbeit zwischen Berater und Kunde effizient zu gestalten (Prior, 2006a). Kunden, die eine Beratung in Anspruch nehmen, konzentrieren sich oft sehr auf ihre Probleme. Sie sehen, was alles nicht nach ihren Vorstellungen läuft und was zukünftig nicht mehr so sein soll. Das erzeugt negative Gefühle und macht sie mutlos. Wichtiger ist aber zu formulieren, was stattdessen da sein soll (Prior, 2006b). Das heißt, es muss ein positives Zielbild entwickelt werden, das Motivation und Ausdauer für die Veränderung erzeugen kann und diese in die angestrebte Richtung lenkt. Anders als bei der Expertenberatung wird jedoch nicht versucht, die vermeintlich optimale Lösung für den Kunden zu finden. Ausschlaggebend ist viel eher, dass

Handlungsspielraum erweitern, wählen können

die Kunden durch die Beratung ihren Handlungsspielraum erweitern. Sie sollen sich nicht als Opfer ihrer eingeübten Denk- und Handlungsmuster wahrnehmen, sondern die Wahl zwischen Verhaltensalternativen haben, die für die Lösung einer bestimmten Fragestellung nützlicher sind als die bisherigen (Radatz, 2003; von Schlippe & Schweitzer, 2003). Die Verantwortung für die Auswahl passender Verhaltensalternativen in einer bestimmten Situation verbleibt dabei beim Kunden. Der Berater unterstützt lediglich bei der Identifizierung oder Entwicklung alternativer Verhaltensweisen und bei der Abschätzung ihrer Nützlichkeit. Bei der Erarbeitung von Lösungen werden bisher erfolgreiche Verhaltensweisen der Kunden ermittelt, ausgeweitet und in neue Situationen übertragen.

Diese Sicht- und Herangehensweise hat den großen Vorteil, dass die Kunden in ihrer Expertise anerkannt werden, ihre Stärken erkennen und sich rasch als erfolgreich wahrnehmen, wodurch ihre Selbstwirksamkeit gestärkt wird. Die eigenverantwortliche Entwicklung von Lösungsalternativen ist zwar zunächst zeitintensiver im Vergleich zur Lösungsvorgabe bei der Expertenberatung, und sie bewirkt auch anfangs mehr Unsicherheit, erzeugt aber maximale Umsetzungserfolge und ist nachhaltiger in ihrer Wirkung (Königswieser et al., 2005).

Systemische Berater besitzen die Prozesskompetenz, ihre Kunden bei der präzisen Formulierung und Umsetzung ihrer Ziele zu unterstützen, sie bleiben aber inhaltlich neutral. Das bedeutet, sie helfen Kunden dabei, ihre Denk- und Handlungsmuster zu erkennen und die für die Lösung weniger hilfreichen gezielt zu verändern. Sie verzichten dabei aber möglichst auf inhaltliche Lösungsvorschläge, sondern fordern durch gezielte Fragen zur Reflexion und zur Entwicklung eigener Lösungen auf. Neutralität bzw. Allparteilichkeit meint nicht, dass Berater keine Meinung haben dürfen, sie äußern sie jedoch nicht doktrinär (von Schlippe & Schweitzer, 2003) und versuchen auch nicht, Kunden zu einer Veränderung in jene Richtung zu bewegen, die sie aus ihrer Außensicht für optimal halten.

Der Kunde weiß, was für ihn passt

In der systemischen Beratung wird eine ganzheitliche Sicht eingenommen, d. h. der einzelne Mensch wird als Teil eines Systems wahrgenommen, das seine Handlungen beeinflusst und auf das er durch sein Verhalten einwirkt. Die Systemorientierung hat den Vorteil, dass Verhaltensmuster in den Aufmerksamkeitsfokus rücken, die in das Geflecht von Beziehungen und Wechselwirkungen der Beteiligten eingebunden sind. Verhaltensweisen, die, isoliert betrachtet, nicht zielführend erscheinen, werden bei Berücksichtigung des Systems meistens verständlicher. Die systemische Beratung ist durch das Denken in Auswirkungen von Verhaltensweisen auf die anderen Systembeteiligten gekennzeichnet (Radatz, 2003), d. h. Kunden werden beständig ermuntert zu überlegen, wie ihr Verhalten auf andere wirkt und warum sich andere so verhalten, wie sie es tun. Das erfahrungsbezogene Lernen wird dabei durch Reflexion des Kunden und Feedback durch Berater und System unterstützt.

Wechselwirkungen mit anderen beachten

2.4 Schlussfolgerungen für Outplacement

Die in diesem Kapitel dargestellten Erkenntnisse zur Bedeutung der Erwerbstätigkeit, zu beruflichen Interessen und Entwicklungen sowie zu den verschiedenen Beratungsmodellen lassen relevante Schlussfolgerungen für Outplacement zu.

Die Erkenntnisse zu drohender bzw. faktischer Erwerbslosigkeit machen deutlich, wie wichtig es ist, dass Outplacementkunden möglichst rasch in eine passende neue Erwerbstätigkeit gelangen. Dadurch können persönlicher und gesellschaftlicher Rückzug sowie negative gesundheitliche Folgen und ein Absinken des Selbstwertgefühls vermieden werden (vgl. Langvon Wins et al., 2004; Paul & Moser, 2001).

Der Person-Job-Fit Gedanke (vgl. S. 21) ist auch Basis der gängigen Personalauswahlpraktiken von Unternehmen (Schuler, 2007). Für Outplacementkunden ist es hilfreich, Verfahren und Denkweisen zu kennen, denen sie sich im Auswahlprozess zu stellen haben. Sie benötigen zwar typischerweise keine Berufsberatung im klassischen Sinn, weil sie ihre Präferenzen kennen oder nach Jahren erfolgreicher Berufstätigkeit keine inhaltliche Umorientierung anstreben, aber es kann dennoch nützlich für sie sein, durch Einsatz von psychologischen Tests vorliegende Fähigkeiten und Bedürfnisse strukturiert zu ermitteln. Die Testergebnisse schaffen Klarheit und können als gute Grundlage für die Beschreibung eigener Fähigkeiten und Vorstellungen in Begriffskategorien dienen, wie sie für die Formulierung von Bewerbungsunterlagen und für Vorstellungsgespräche hilfreich sind.

Die Vorteile des Modells von Holland liegen in der Verwendung weniger leicht nachvollziehbarer und identischer Kategorien für die Interessen von Personen und die Merkmale von Arbeitsplätzen. Speziell die Konstrukte der Konsistenz und der Differenziertheit (vgl. S. 26f.) weisen eine hohe Bedeutung für Outplacement auf. So kann eine Beschreibung der Interessen einer Person anhand des Hexagons nicht nur die Ermittlung geeigneter Tätigkeiten erleichtern. Beispielsweise kann die Erkenntnis, mehrere Interessensschwerpunkte zu haben (geringe Differenziertheit), die zudem noch weit auseinanderliegen (geringe Konsistenz), Menschen entlasten, die mit dem Finden für sie passender Tätigkeiten Schwierigkeiten haben oder eine bisherige instabile berufliche Entwicklung als persönliches Versagen wahrnehmen. Denn es kann so deutlich gemacht werden, dass diese Schwierigkeiten nicht mit ihrer „Unfähigkeit" zu tun haben, sich zu entscheiden, sondern sie können wertfrei auf die spezifische Interessenkonstellation zurückgeführt werden. Damit ist zwar das Problem nicht gelöst, aber es können wenigstens negative Gefühle gegenüber sich selbst verringert werden.

Das entwicklungsbezogene Modell von Super leistet einen besonderen Beitrag in Bezug auf Ansatzpunkte für die Outplacementberatung. Nach Super besteht der Prozess der beruflichen Entwicklung in der Herausbildung und Umsetzung von beruflichen Selbstkonzepten, die durch Praxiserprobung und Feedback durch die Umwelt unterstützt werden können. Durch die Ausbildung neuer oder veränderter Selbstkonzepte, z.B. durch Training bislang nicht beherrschter Kompetenzen, können möglicherweise

Erwerbstätigkeit ist wichtig für das Wohlergehen

Person-Job-Fit Gedanke liegt vielen Auswahlverfahren zu Grunde

Hollands Modell kann zur Beschreibung von Interessen und Erklärung von Verhalten genutzt werden

neue berufliche Vorstellungen generiert werden, was die Flexibilität bei der Jobsuche erhöht. Das Modell der Laufbahnstadien (vgl. S. 29) kann als Grundlage genutzt werden, um die angestrebte Entwicklungsrichtung des Kunden zu identifizieren. Beispielsweise wird sich eine Person, die sich gerade in der Etablierungsphase befindet und einen beruflichen Aufstieg anstrebt, möglicherweise durch die Trennung besonders beeinträchtigt sehen, und schnell eine passende Anschlusstätigkeit suchen. Im Vergleich dazu kann jemand, der sich gedanklich bereits in der Rückzugsphase befindet, kaum zu einer intensiven Jobsuche animiert werden. Ein Betroffener, der sich in einer kritischen Phase innerhalb der Etablierung befindet, lässt sich unter Umständen sehr gut für die Vorstellung begeistern, eine selbständige Tätigkeit aufzubauen. Auch die Idee der Laufbahnmuster (vgl. S. 29 f.) ist hilfreich, um den potenziellen Nutzen einer Beratung abzuschätzen, denn es ist zumindest ein Mindestmaß an Stabilität erforderlich (vgl. Heizmann, 2003), was bei Menschen mit einem multipel-provisorischen Laufbahnmuster möglicherweise nicht gegeben ist. Die Idee der Laufbahnreife (vgl. S. 30) ist ebenfalls nützlich, um einen Hinweis auf die aktuelle psychische Verfassung des Outplacementkunden zu gewinnen und diese im Beratungsprozess angemessen zu berücksichtigen. Ist der Kunde noch zu sehr im Trauerprozess verhaftet oder existieren nicht genügend klare und realistische Vorstellungen bezüglich zukünftiger Beschäftigungsalternativen, wird er nicht in der Lage sein, die für eine erfolgreiche neue Erwerbstätigkeit notwendige Anpassungsleistung zu zeigen.

Supers Ansatz ist für die Standortanalyse wichtig

Die Ansätze aus dem Bereich der sozial-kognitiven Lerntheorien betonen stärker als die anderen Modelle, dass berufliche Entwicklungen nicht nur von persönlichen Präferenzen und deren Passung zu Berufstätigkeiten abhängen, sondern außerdem von den aktuellen Problemlösefähigkeiten, den individuellen Zielen und Erfolgserwartungen sowie von der Einschätzung sozio-ökonomischer Bedingungen, die eine Person durch die kontinuierliche Beobachtung und Bewertung von Umweltreaktionen gewinnt. Diese ständigen Abgleiche mit der Umwelt sind notwendig, um zu realistischen Selbsteinschätzungen zu kommen, die die Grundlage für das Handeln bieten. Das in diesen Ansätzen zentrale Konzept der Selbstwirksamkeit ist auch für Outplacement von besonderer Relevanz, denn es ist durch Erfahrung beeinflussbar. Das heißt, wenn es durch Outplacementinterventionen gelingt, einen sich selbst verstärkenden Prozess positiver Selbstwirksamkeit einzuleiten, erhöht das die Wahrscheinlichkeit für zukünftigen Erfolg erheblich. Dabei muss beachtet werden, dass Selbstwirksamkeitsüberzeugungen aufgrund ihrer Verankerung in z. T. lebenslangen Lernerfahrungen sehr stabil sein können. Im Rahmen einer relativ kurzen Maßnahme wie dem Outplacement kann daher nicht immer damit gerechnet werden, genügend positive Lernerfahrungen zu vermitteln, um stabile negative Selbstwirksamkeitsüberzeugungen ins Positive zu verändern. Stattdessen ist es sinnvoll, speziell in jenen Bereichen anzusetzen, in denen die Kunden we-

Outplacement zielt darauf, die Selbstwirksamkeit zu stärken

41

nig Erfahrung haben. Denn in diesen Bereichen kann schneller eine „neue" positive Selbstwirksamkeit entwickelt werden. Das sind zumindest bei Kunden, die lange für das bisherige Unternehmen gearbeitet haben, z.B. alle Themen, die mit dem Zugang zum Arbeitsmarkt, der Bewerbung und dem Auftreten in Vorstellungsgesprächen zu tun haben.

Die Darstellung der Beratungsmethoden hat gezeigt, dass fachliche Expertenberatung immer dann sinnvoll ist, wenn der Klient neues Wissen benötigt, das ihm hilft, psychische Sicherheit zu gewinnen und eine Krisensituation rasch zu bewältigen. Outplacementkunden befinden sich häufig in einer Krise, sind stark verunsichert und besitzen meist wenig Wissen bezüglich der anstehenden Aufgabe, sich auf dem Arbeitsmarkt zu orientieren und anzubieten. Expertenberatung ist also dringend notwendig, um

Fachwissen schafft Sicherheit

Kunden kurzfristig Fachwissen im Bereich der Jobsuche zu vermitteln. Außerdem ist es sinnvoll, dass Fachexperten für bestimmte Gebiete wie beispielsweise Arbeitsrecht zur Verfügung stehen, um Klienten in Bezug auf arbeitsvertragliche Regelungen zu beraten.

Die fachliche Expertenberatung ist im Rahmen von Outplacement notwendig, reicht aber allein nicht aus. Outplacement soll auch Hilfe zur Selbsthilfe sein, da sich die Kunden selber bei potenziellen Arbeitgebern vorstellen und diese von sich überzeugen müssen. Daher ist es unabdingbar, dass

Hilfe zur Selbsthilfe als Grundhaltung

sich Outplacementberatung auch an den Grundsätzen der systemischen Beratung orientiert. Methoden, die dazu dienen, den Klienten bei der Formulierung seiner Ziele zu unterstützen, ihm seine Stärken bewusst zu machen und seine Ressourcen zu aktivieren, damit er eine für ihn passende Entscheidung trifft und die relevante Umwelt von sich überzeugt, sind Grundlage der systemischen Arbeit. Alle typischen Maßnahmen zielen darauf ab, die Selbstwirksamkeit des Kunden zu fördern.

3   Analyse und Maßnahmenempfehlung

In diesem Kapitel stehen Entscheidungsfelder für Outplacement im Mittelpunkt. Zunächst werden die verschiedenen Formen von Outplacement dargestellt und die mit ihnen verbundenen Kosten. Anschließend werden die

Entscheidungsfelder bei Outplacement

Kriterien beschrieben, die für die Auswahl von Outplacementanbietern relevant sind. Bei der Erwägung eines Outplacements für gekündigte Mitarbeiter ist immer auch die Frage zu klären, ob die Maßnahme intern oder extern durchgeführt wird. Vor- und Nachteile beider Alternativen werden diskutiert. Ein wesentlicher Erfolgsfaktor für Personalabbau ist die gute Zusammenarbeit mit dem Betriebsrat. Daher werden Rechte und Wünsche der Arbeitnehmervertretung in Kapitel 3.4 thematisiert. Das Trennungsgespräch ist nicht Bestandteil der Outplacementberatung, ihr aber direkt vorgeschaltet. Deshalb sind einige Hinweise für die Vorbereitung und Durchführung dieser Projektphase sinnvoll, bevor in Kapitel 4 die Outplacementberatung im Detail beschrieben wird.

3.1 Formen von Outplacement

In Abhängigkeit von den Gründen des Personalabbaus, der Anzahl der betroffenen Personen und ihrer Positionen im Unternehmen sowie der finanziellen Situation bieten sich unterschiedliche Formen des Outplacements an. Im Folgenden werden die drei Varianten des Outplacements mit Modellen zur Berechnung ihrer Kosten jeweils im Vergleich zur betrieblichen Kündigung dargestellt.

Verschiedene Varianten

3.1.1 Einzeloutplacement

Beschreibung

Beim Einzeloutplacement handelt es sich um die klassische Form des Outplacements, wie sie als eigenständige Beratungsleistung in den USA seit den 1970er, in Deutschland seit den 1980er Jahren praktiziert wird. Es war in den Anfängen auf Führungskräfte höherer Positionen ab dem mittleren Lebensalter beschränkt. Lingenfelder und Walz (1989) sehen die Ursache in dieser Beschränkung darin, dass die individuelle psychologische Betreuung bei der Entlassung von Führungskräften höherer Hierarchieebenen besonders wichtig sei, weil diese „erfahrungsgemäß eine hohe Identifikation mit der beruflichen Stellung" besäßen. Diese Ansicht wird hier nicht geteilt. Der Hauptgrund für Outplacementangebote für diese Zielgruppe dürfte darin liegen, dass der Erhalt einer positiven Beziehung trotz Trennung wichtiger ist als bei Mitarbeitern niedrigerer Hierarchieebenen, da die Person mit großer Wahrscheinlichkeit zukünftig bei einem anderen Unternehmen eine verantwortliche Position einnehmen wird und dann möglicherweise ein Geschäftspartner sein wird oder zumindest Einfluss auf Geschäftspartner ausüben kann. In einem solchen Fall könnte es geschäftliche Nachteile mit sich bringen, sich im Unfrieden getrennt zu haben.

Der frühere Mitarbeiter kann zukünftig Kunde sein

Den zunächst geringen Einsatz von Outplacement führt von Rundstedt (2006) auf die damals sehr hohen Abfindungssummen und das Vorurteil, nur besonders leistungsschwache Personen benötigten eine derartige Unterstützung, zurück.

> Outplacement wurde stärker genutzt, als man erkannte, dass damit die Akzeptanz von Aufhebungsverträgen leichter erreicht und lange vertragliche Restlaufzeiten abgekürzt werden können.

Auch war früher die rechtliche Grundlage für diese Beratungsleistung wegen des damals geltenden Vermittlungsmonopols der Bundesanstalt für Arbeit unklar (Hofmann, 2001). Die Reformierung des SGB III und die Anerkennung von Outplacement als förderungswürdigem, beschäftigungswirksamem Instrument (i. S. der frühzeitigen Suche nach einer Tätigkeit, bevor die Arbeitslosigkeit eintritt, vgl. Buestrich, 2005) begünstigte die Verbreitung dieser Beratungsleistung. Heute ist Outplacement in allen europäischen Ländern verbreitet. In Deutschland hat der Bundesverband Deutscher Unternehmensberater (BDU e. V.) 1993 die Fachgruppe Outplacement gegründet, deren Ziel die Schaffung von einheitlichen Rahmenbedingungen und die Professionalisierung von Outplacement ist.

Das Einzeloutplacement findet aus einem bestehenden Arbeitsverhältnis heraus statt. Es kann parallel zur Arbeitszeit stattfinden, wenn die Klienten ihre Arbeitstätigkeit noch bis zum Ende der Laufzeit ihres Arbeitsvertrages weiterführen müssen. Das ist allerdings sehr unvorteilhaft sowohl für die emotionale Ablösung vom Unternehmen als auch für die Konzentration auf eine berufliche Neuorientierung. Es ist deutlich günstiger, wenn die Gekündigten nach Unterzeichnung der Aufhebungsvereinbarung freigestellt werden, um sich voll auf die berufliche Neuorientierung einlassen zu können. Häufig findet die Beratung aus diesem Grund auch nicht in den Räumen des Unternehmens, sondern außerhalb, meist in den Geschäftsstellen von Outplacementunternehmen, statt.

Die Angebote von Outplacementberatern unterscheiden sich in erster Linie hinsichtlich der Dauer der Maßnahme und der Übernahme einer Erfolgsgarantie. Bei befristeten Programmen wird eine Zeitspanne (in der Regel 3, 6, 9 oder 12 Monate) vereinbart, die die Beratung längstens dauert. Bei Vereinbarung einer Erfolgsgarantie (unbefristete Programme) werden die Klienten so lange betreut, bis sie erfolgreich eine neue Tätigkeit aufgenommen und die Probezeit überstanden haben. Sollte es während der Probezeit erneut zu einer Trennung kommen, wird die Beratung entsprechend fortgesetzt.

Die meisten Outplacementunternehmen bieten inzwischen auf Wunsch zusätzlich ein Coaching während der Probezeit an. Während für Führungskräfte der oberen Hierarchieebenen typischerweise unbefristete Programme gewählt werden (vermutlich aufgrund des o.g. Zieles, eine gute Beziehung zu auch zukünftig einflussreichen Personen zu erhalten), kommen beim mittleren Management auch befristete Programme zum Einsatz.

Die Studie „Outplacementberatung in Deutschland 2004/2005" des Bundesverbands deutscher Unternehmensberater gibt Hinweise auf die Nachfrage von Outplacementformen. So wird von einem Trend zu befristeten Beratungsverträgen für Klienten unterhalb der Top-Management-Ebene

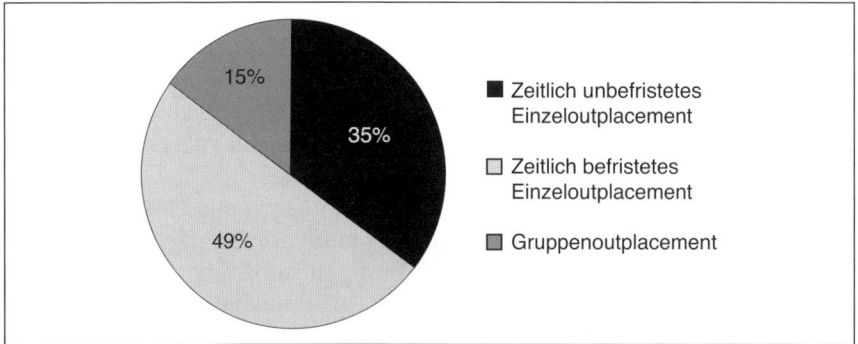

Abbildung 6:
Anteile verschiedener Beratungsformen am Gesamtoutplacementumsatz in Deutschland in 2004 (BDU e. V., 2005)

berichtet (BDU e. V., 2005, s. Abb. 6). Danach machten die auf drei Monate befristeten Beratungen im Jahr 2004 die Hälfte der zeitlich befristeten Beratungsverträge aus. Der Vermittlungserfolg wird selbst bei diesen kurzen Verträgen noch mit 50 % angegeben.

Auch heute noch ist das klassische Einzeloutplacement in der Regel auf Führungskräfte der mittleren und oberen Hierarchieebene beschränkt und wird nur in Einzelfällen auch Spezialisten angeboten. Außerdem kommt es zum Einsatz, wenn das Outplacement nicht im Zusammenhang mit größeren Personalabbaumaßnahmen stattfindet, sondern sich auf einzelne Personen bezieht. Gründe für die Trennung von einzelnen Personen können betriebsbedingt, personenbedingt oder verhaltensbedingt sein und sich beispielsweise aus Umstrukturierungen, einem „verlorenen" Machtkampf oder Leistungsmängeln ergeben.

Nicht nur bei umfangreichem Personalabbau

Der restriktive Einsatz der Einzelmaßnahmen ist in deren hohen Kosten begründet, die durch die lange Beratungsdauer und die auf die spezifischen Bedürfnisse der Klienten zugeschnittene intensive Einzelbetreuung entstehen. In der Regel beginnt die Einzelberatung bereits mit einem sogenannten „Auffanggespräch", das Outplacementberater direkt im Anschluss an die Übermittlung der Trennungsnachricht mit der betroffenen Person führen, um deren emotionale Reaktion abzufedern und damit sie das Angebot kennen lernt. Die Elemente der idealtypischen Betreuung im Einzeloutplacement werden umfassend in Kapitel 4 beschrieben.

Empirische Befunde

Eine der ersten Evaluationen von Einzeloutplacements in Deutschland, die nicht von Outplacementunternehmen, sondern von unabhängigen Forschern durchgeführt wurde, stammt von Kühlmann und Wesenberg (1994).

45

Die Autoren befragten 78 Klienten der Outplacementunternehmen SKP und Interaction Consulting nach Abschluss der Beratung zu ihren Erfahrungen mit der Maßnahme. Die Rücklaufquote der Fragebogenstudie betrug 59 % (46 Personen). Interessant war, dass die Mehrzahl der Klienten unternehmensbezogene Gründe für das Outplacementangebot vermutete (schlechtes Gewissen beruhigen: 59 %, Imagepflege: 52 %, schnelle und kostengünstige Trennung: 41 % bzw. 31 %), hingegen nur 31 % annahmen, es ginge darum, sie bei der beruflichen Neuorientierung zu unterstützen. Als Grund für die Trennung gaben 52 % organisatorische Veränderungen (Reorganisation, Rationalisierung) an und 26 % persönliche Gründe (Vertrauensstörung 17 %, Qualifikationsdefizite 9 %). Die zu Beginn der Beratung überwiegend negativen Gefühle der Teilnehmer (Enttäuschung und Wut) veränderten sich während der Maßnahme in Richtung Gelassenheit

Bewerbungs-unterlagen am nützlichsten

und Erleichterung. Als nützlichste Outplacementinhalte wurden die Erstellung der Bewerbungsunterlagen, die Analyse der beruflichen Ziele und das Aufzeigen verschiedener Zugänge zum Arbeitsmarkt (in dieser Rangfolge) genannt.

Wooten (1996) hat 68 Teilnehmer eines Executive Outplacements zwei Monate nach Beginn der Maßnahme zu ihrer Zufriedenheit mit dem Programm und seiner Komponenten befragt. In der Studie zeigte sich, dass bis auf die Verfügbarkeit von Arbeitsplätzen die Rahmenbedingungen der Beratung (Geräte, Software, Sekretariatsservice, Informationsmaterial) keine Rolle spielten. Deutlich wichtiger waren die Inhalte und der Prozess der Beratung. So hing die konkrete Vorbereitung der Jobsuche, z. B. durch ein

Training für Jobsuche

entsprechendes Training, am stärksten mit der Zufriedenheit zusammen, gefolgt von der Unterstützung und Zielfokussierung nach Misserfolgen durch den Berater. Die Arbeitsbeziehung zum Berater wurde als etwas weniger relevant angesehen.

Die Untersuchung einer relativ großen Stichprobe wurde von Fischer (2001) vorgenommen. Sie analysierte die Daten von 699 Outplacementteilnehmern der DBM von Rundstedt & Partner GmbH. Allerdings war das Ziel der Studie nicht die Bewertung des Outplacementprogramms, sondern in erster Linie der Vergleich besonders wenig erfolgreicher und besonders erfolgreicher Teilnehmer hinsichtlich ihrer Persönlichkeit. Von der Gesamtstichprobe gaben 43 % an, aus Gründen der Umstrukturierung ihren

Organisatorische Veränderungen sind häufigster Trennungsgrund

Arbeitsplatz verloren zu haben. Etwas weniger als 20 % sahen die Ursache in persönlichen Antipathien und Konflikten. Annähernd 70 % der Teilnehmer waren Akademiker, knapp ein Drittel im Alter von 46 bis 50 Jahren, 80 % waren zwischen 41 und 55 Jahre alt. Nahezu 80 % nahmen nach der Maßnahme eine Tätigkeit im Angestelltenverhältnis auf, mehr als 10 % wurden selbständig. Während mehr als 40 % eine Gehaltssteigerung im neuen Job erzielen konnten, mussten knapp 20 % eine Einbuße hinnehmen. Im Durchschnitt konnten die Teilnehmer ihr Jahresgehalt um 3 % im Vergleich zum vorherigen steigern. Ca. 55 % fanden ihren neuen Job im Zeitraum von 5 bis 12 Monaten.

Hellweg und Lamersdorf (2005) befragten beauftragende Unternehmen (40 % Rücklauf von ursprünglich 240 Unternehmen) und Outplacementklienten. Sie bestätigen einen guten Erfolg von Outplacement. So lag nach Angaben der Befragten die durchschnittliche Vermittlungsquote bei 78 %. Mehr als ein Drittel der Kandidaten fanden innerhalb der ersten 6 Monate eine neue Stelle, weitere knapp 50 % innerhalb eines Jahres. In Kapitel 3.2.4 wird deutlich, dass die Beratungsunternehmen ihre Erfolge etwas optimistischer beschreiben.

Gute Erfolgsquoten

Kosten des Einzeloutplacements

Die Frage, ob es sich aus Unternehmenssicht lohnt, den vom Personalabbau Betroffenen ein Einzeloutplacement anzubieten, hängt von den Konditionen ab und muss für den Einzelfall geprüft werden. In jedem Fall werden die Kosten sinnvollerweise im Vergleich zu den Kosten für eine betriebliche Kündigung bestimmt. Schmeisser und Clermont (2007) bieten Formeln für die Vergleichsrechnung an, die im Folgenden mit ihren Annahmen dargestellt werden.

> Bei einer betrieblichen Kündigung fallen Kosten für die Abfindung (Abf_{bK}), Personalkosten für die Restlaufzeit des Vertrages (Pk_{bK}) sowie ggf. Arbeitsgerichtskosten (Agk_{bk}), falls es zu einer Klage des Arbeitnehmers kommt, an.

Komponenten bei betrieblicher Kündigung

Der gesetzliche Abfindungsanspruch nach § 1a KSchG sieht eine Abfindungshöhe von 0,5 Monatsverdiensten je Beschäftigungsjahr vor, die natürlich unternehmensseitig höher festgelegt werden kann (Schmeisser & Clermont, 2007). Die Personalkosten umfassen das Bruttomonatseinkommen (M_B) zuzüglich der Personalnebenkosten (Pnk, z. B. Sozialversicherungsbeiträge, bezahlte Freistellung an Feier- und Urlaubstagen sowie Unfallversicherung). Die Nebenkosten liegen meist bei 50 bis 100 % des Einkommens, d. h. beim Faktor 1,5 bis 2. Die Anwaltskosten für den Arbeitgeber werden für den Fall eines Vergleichs in erster Instanz mit 3 % des Jahresbruttogehalts des Arbeitnehmers angesetzt. Nicht berücksichtigt werden in der nachstehenden Herleitung weitere Komponenten, die in die Rechnung eingehen können, z. B. anteilige Bonuszahlungen, ein gegenüber der gesetzlichen Regelung erhöhter Abfindungsfaktor oder die nach Betriebszugehörigkeit (Bz) und/oder Alter gestaffelte Abfindung.

Kosten für die betriebliche Kündigung
Die Gesamtkosten setzen sich aus den Komponenten Abfindung, Personalkosten für die Restlaufzeit des Arbeitsvertrags (= Kündigungsfrist, Kf) und ggf. Arbeitsgerichtskosten zusammen: $$Gko_{bK} = Abf_{bK} + Pk_{bK} + Agk_{bK}$$
Dabei werden die Komponenten folgendermaßen bestimmt: Abf_{bK} = 0,5 * Bruttomonatseinkommen * Jahre Betriebszugehörigkeit Pk_{bK} = Bruttomonatseinkommen * Faktor für Personalnebenkosten * Kündigungsfrist Agk_{bK} = Bruttomonatseinkommen * 12 * 0,03
Daraus ergibt sich folgende Formel für die Berechnung der Gesamtkosten: $$Gko_{bK} = 0,5 * M_B * Bz + M_B * Pnk * Kf + M_B * 12 * 0,03$$

Komponenten bei Outplacement

Die bei einem Outplacement entstehenden Kosten umfassen die Abfindung, die Personalkosten wie oben beschrieben sowie die Honorarkosten und eine Servicepauschale für die externe Beratung. Normalerweise wird ein Teil der Abfindung auf eine Outplacementberatung angerechnet, sie kann aber je nach Entscheidung des Unternehmens zusätzlich gewährt werden.

So gehen Schmeisser und Clermont (2007) davon aus, dass sich die Abfindung auf 50 % reduziert. Die im Aufhebungsvertrag vereinbarte Restlaufzeit der Arbeitstätigkeit (Lz_{AV} in Monaten) kann der Kündigungsfrist entsprechen, aber auch verlängert oder verkürzt werden. Beim Beratungshonorar kann von einem Satz von 20 % des letzten Jahresbruttoeinkommens ausgegangen werden, bei der Servicepauschale von 2.500 € (vgl. Kapitel 3.2.4). Wie bei der Formel für die betriebliche Kündigung werden weitere Komponenten, die in die Rechnung eingehen könnten, sowie die Kosten für die Auswahl der Berater nicht berücksichtigt.

Kosten bei Outplacement mit reduzierter Abfindung
Die Kosten setzen sich aus den Komponenten reduzierte Abfindung, Personalkosten für die Restlaufzeit des Vertrags, Beraterhonorar und Servicepauschale zusammen: $$Gko_{Out} = Abf_{Out} + Pk_{Out} + Bh_{Out} + Sp_{Out}$$
Dabei werden die Komponenten folgendermaßen bestimmt: Abf_{Out} = 0,5 * Abf_{bK} Pk_{Out} = Bruttomonatseinkommen * Faktor für Personalnebenkosten * Laufzeit Aufhebungsvertrag Bh_{Out} = Bruttomonatseinkommen * 12 * 0,2 Sp_{Out} = 2.500

> Daraus ergibt sich folgende Formel für die Berechnung der Gesamtkosten:
>
> $$Gko_{Out} = 0,5 * Abf_{bK} + M_B * Pnk * Lz_{AV} + M_B * 12 * 0,2 + 2.500$$

Die beiden wesentlichen Faktoren, die das Ergebnis des Kostenvergleichs beeinflussen, sind die Betriebszugehörigkeit, die maßgeblich die Höhe der Abfindung bestimmt, sowie die im Aufhebungsvertrag vereinbarte Restlaufzeit des Arbeitsvertrags. So lohnt sich das Angebot eines Outplacements nur, wenn durch die reduzierte Abfindung das Beratungshonorar aufgewogen wird. Das ist bei längerer Betriebszugehörigkeit eher gegeben. Im Fall kurzer Betriebszugehörigkeit und entsprechend geringer Abfindung kann eine Einsparung der Personalkosten durch eine Restlaufzeit unterhalb der Kündigungsfrist erzielt werden, so dass sich ein Outplacementangebot evtl. lohnt (vgl. Schmeisser & Clermont, 2007). Kommt es vor Ablauf des im Aufhebungsvertrag vereinbarten Arbeitsendes zu einer neuen Erwerbstätigkeit, werden die dadurch eingesparten Personalkosten häufig zwischen Arbeitgeber und Entlassenem (und ggf. dem Outplacementunternehmen) geteilt. Hierdurch ergibt sich zusätzliches Einsparpotenzial.

Spielraum bei der Vertragsgestaltung

3.1.2 Gruppenoutplacement / Transferagentur

Beschreibung

Während Lingenfelder und Walz (1989) noch von einer auf Führungskräfte beschränkten Beratung ausgegangen sind, wird Outplacement heute regelmäßig auch anderen Zielgruppen, wie beispielsweise Sachbearbeitern oder ungelernten Mitarbeitern, angeboten.

Gruppenoutplacement bedeutet, dass mehrere Personen gemeinsam beraten werden. Es wird häufig im Zusammenhang mit umfangreicherem Personalabbau, d.h. bei betriebsbedingten Kündigungen, eingesetzt. Durch die Zusammenfassung der Klienten in Gruppen von ca. 10 Personen und einem gegenüber dem Einzeloutplacement reduzierten inhaltlichen und zeitlichen Umfang kann diese Unterstützung bei erheblich geringeren Kosten einer größeren Zahl von Mitarbeitern angeboten werden. Gruppenoutplacement wird gelegentlich auch als Transferagentur bezeichnet (Nicolai, 2005), wenn es eine Vermittlungsstelle gibt, die sich um die Anliegen der Gekündigten kümmert.

Wie bei Einzeloutplacement findet Gruppenoutplacement während des Arbeitsverhältnisses mit dem bisherigen Arbeitgeber statt. Für die Betroffenen hat das den großen Vorteil, dass sie sich als Beschäftigte im ersten Arbeitsmarkt bewerben.

Die Elemente des Gruppenoutplacements können denen des Einzeloutplacements entsprechen, werden dann aber mit deutlich geringerer Intensität und Betreuung für den Einzelnen durch die Berater durchgeführt. Alternativ werden einige Bausteine herausgegriffen, meist jene, die sich als Gruppentrainings praktikabel umsetzen lassen. Dazu zählt beispielsweise Bewerbungstraining, das eine Potenzialanalyse und Zielklärung, die Stellenrecherche, die Erstellung von Bewerbungsunterlagen und Interviewtraining umfasst. Die Gruppentrainings dienen eher der Initiierung einer beruflichen Neuorientierung und Arbeitsplatzsuche als der Begleitung dabei. Durch die Vermittlung wichtiger Informationen zur Jobsuche sollen sie den Teilnehmern Sicherheit für die ersten Schritte bieten und eine Hilfe zur Selbsthilfe sein. Wichtig beim Gruppenoutplacement ist, dass homogene Teilnehmergruppen gebildet werden. Auf diese Weise soll gewährleistet werden, dass die Inhalte für alle Klienten gleichermaßen nützlich sind. Konkret bedeutet das, die Teilnehmer sollten aus demselben Unternehmen stammen, eine einheitliche Hierarchieebene aufweisen und ähnliche Tätigkeitsfelder haben. Lingenfelder und Walz (1989) weisen außerdem darauf hin, dass der Kündigungsgrund für alle der gleiche sein sollte und nicht in der Person liegen darf. Bei personenbedingten Gründen ist eine Einzelberatung dringend notwendig, weil dabei intensiv auf die individuellen Merkmale eingegangen werden muss, um einen erfolgreichen Wiedereinstieg in eine andere Tätigkeit zu gewährleisten. Die Gruppentrainings werden in vielen Fällen durch ein Kontingent von Einzelcoachings ergänzt, in denen die Klienten dann Beratung für ihre individuelle Situation erhalten. Gruppenoutplacements haben typischerweise einen zeitlichen Umfang von 2 Tagen bis 1 Woche. Günstiger ist es allerdings, die Maßnahme nicht zusammenhängend, sondern über einen Zeitraum von mehreren Wochen während der Restlaufzeit des Arbeitsvertrags durchzuführen. So sollten zumindest die Einzelberatungstermine und ggf. eine Hotline mehrere Wochen lang angeboten werden, um eine psychologische Unterstützung im Bewerbungsprozess bieten zu können.

Neben dem deutlichen Nachteil der weniger intensiven Beratung im Vergleich zum Einzeloutplacement gibt es auch eine Reihe von Vorteilen von Gruppenoutplacement. Zum einen kann die persönliche Kränkung, die mit der Entlassung verbunden ist, gemeinsam verarbeitet werden. Das schützt den Selbstwert stärker, als wenn die Entlassung als Einzelschicksal wahrgenommen wird. Auch die Trauer um den verlorenen Arbeitsplatz kann unter Gleichgesinnten besser besprochen werden. Allerdings ist hier entscheidend, dass sich die Gruppe nicht zu lange beim Trauerprozess aufhält, weil das eine emotionale Abwärtsspirale auslösen und mit einer sehr negativen Haltung gegenüber dem entlassenden Unternehmen einhergehen kann. Eine solche Haltung ist weder für die Teilnehmer sinnvoll, die sich positiv auf die Zukunft ausrichten müssen, noch für das Image des Unternehmens. Die Gruppe kann sehr positive Effekte für den Einzelnen haben,

50

indem man sich gegenseitig Mut zuspricht, voneinander lernen und Ideen austauschen kann. Außerdem wirken die anderen Gruppenmitglieder auch als Vorbilder, die einzelne Personen aus ihrer Lethargie lösen und zu persönlicher Aktivität animieren können.

Empirische Befunde

Haari (1999) untersuchte jeweils 70 Teilnehmer bzw. Nichtteilnehmer an Gruppenoutplacements, wobei offen bleibt, wie umfangreich das Outplacement war. Er stellte fest, dass Teilnehmer und Nichtteilnehmer die gleiche Anzahl von Bewerbungen durchführten, die Teilnehmer wurden jedoch häufiger zu Vorstellungsgesprächen eingeladen, waren dann allerdings nicht erfolgreicher als Nichtteilnehmer, was den Erhalt der Position betrifft. Haari schließt daraus, dass die Teilnehmer bessere Unterlagen erstellten und deshalb häufiger eingeladen wurden, aber durch das Outplacement nicht erfolgreich auf Gespräche vorbereitet werden konnten. Er fand außerdem, dass höher Qualifizierte stärker vom Gruppenoutplacement profitierten als Produktionsmitarbeiter. Innerhalb eines Jahres fanden 59 % der Teilnehmer und 35 % der Nichtteilnehmer eine neue Stelle. Weiterbildung während der Berufstätigkeit und während der Arbeitslosigkeit (ohne Umschulungen) hing positiv mit dem Erfolg bei der Stellensuche zusammen.

Erfolg aufgrund besserer Bewerbungsunterlagen

In Kapitel 5 wird ein praktisches Beispiel von Gruppenoutplacement vorgestellt.

Kosten des Gruppenoutplacements

Für Gruppenoutplacement sind im SGB III rechtliche Rahmenbedingungen und Fördermöglichkeiten geregelt. So ist seit 2004 in § 216a des SGB III ein Förderanspruch für Transfermaßnahmen (wie z. B. Beratung oder Trainings) festgeschrieben. An die Förderung sind die Voraussetzungen geknüpft, dass es sich um eine betriebsbedingte Kündigung handelt, die Maßnahmen von Dritten durchgeführt werden und sie nicht der Anschlussbeschäftigung im selben Unternehmen dienen. Der Verbleib der Teilnehmer 6 Monate nach Abschluss des Projekts ist zu dokumentieren. Die Förderung kann bis zu 3 Monate nach der Maßnahme bei der regionalen Arbeitsagentur beantragt werden und deckt die Hälfte der Kosten (max. 2.500 € pro Teilnehmer). Nicolai (2005) schätzt die Kosten des Gruppenoutplacements deutlich geringer ein als die der Transfergesellschaft (vgl. Kapitel 3.1.3). Im Vergleich zur Transfergesellschaft lässt das Gruppenoutplacement sowohl dem Arbeitgeber als auch den Teilnehmern mehr Gestaltungsfreiheit in Bezug auf Inhalte und Zeit. Gruppenoutplacement und Transfergesellschaft können miteinander kombiniert und nacheinander eingesetzt werden.

Fördermöglichkeiten

Bei der Abschätzung der Kosten für ein Gruppenoutplacement im Vergleich zur betrieblichen Kündigung wird für die Erläuterung der Kosten der betrieblichen Kündigung auf die Darstellung im Kapitel 3.1.1 (S. 47 f.) verwiesen.

Kosten für die betriebliche Kündigung

Die Kosten setzen sich aus den Komponenten Abfindung, Personalkosten für die Restlaufzeit des Vertrags und ggf. Arbeitsgerichtskosten zusammen:

$$Gko_{bK} = Abf_{bK} + Pk_{bK} + Agk_{bK}$$

Dabei werden die Komponenten folgendermaßen bestimmt:

Abf_{bK} = 0,5 * Bruttomonatseinkommen * Jahre Betriebszugehörigkeit
Pk_{bK} = Bruttomonatseinkommen * Faktor für Personalnebenkosten * Kündigungsfrist
Agk_{bK} = Bruttomonatseinkommen * 12 * 0,03

Daraus ergibt sich folgende Formel für die Berechnung der Gesamtkosten:

$$Gko_{bK} = 0,5 * M_B * Bz + M_B * Pnk * Kf + M_B * 12 * 0,03$$

Die Kosten für das Gruppenoutplacement berechnen sich anders als für das Einzeloutplacement. Die Personalkosten sind zwar identisch, aber es ist nicht unbedingt von einer reduzierten Abfindung auszugehen, zumindest nicht auf 50 %, da das Gruppenoutplacement meist nicht so umfangreich ist, dass eine derartig große Reduktion gerechtfertigt wäre. Das Beraterhonorar liegt bei ca. 2.000 € pro Tag (vgl. Kapitel 3.2.4). Das wären bei Teilnehmergruppen von acht Personen und einer Beratungsdauer von einer Woche 1.250 € pro Person. Eine Servicekostenpauschale für die Nutzung von Büroausstattung und Sekretariatsleistungen fällt typischerweise nicht an. Zusätzlich kann eine Förderung der Maßnahmen durch die Arbeitsagentur mit der Hälfte ihrer Kosten bis zu einer Höhe von 2.500 € pro Teilnehmer vom Unternehmen beansprucht werden.

Kosten für die Outplacementberatung mit Abfindung

Die Kosten setzen sich aus den Komponenten Abfindung, Personalkosten für die Restlaufzeit des Vertrags, Beraterhonorar und Förderung der Maßnahme zusammen:

$$Gko_{Out} = Abf_{Out} + Pk_{Out} + Bh_{Out} - Förd_{Out}$$

Dabei werden die Komponenten folgendermaßen bestimmt:

Abf_{Out} = Abf_{bK}
Pk_{bK} = Bruttomonatseinkommen * Faktor für Personalnebenkosten * Laufzeit Aufhebungsvertrag
Bh_{Out} = 1.250
$Förd_{out}$ = 625 (= Hälfte der Kosten für das Beraterhonorar je Teilnehmer)

Daraus ergibt sich folgende Formel für die Berechnung der Gesamtkosten:

$$Gko_{Out} = Abf_{bK} + M_B * Pnk * Lz_{AV} + 1.250 - 625$$

Der Vergleich der beiden Formeln für die Gesamtkosten zeigt, dass sie sich bzgl. der Arbeitsgerichtskosten (bei der betrieblichen Kündigung) und der vom Unternehmen zu tragenden Differenz von Fördergeldern und Beratungshonorar (beim Gruppenoutplacement) unterscheiden. Aus diesem Vergleich kann abgeleitet werden, wann sich ein Gruppenoutplacement lohnt: Schon bei einem Bruttomonatseinkommen von nur 2.000 € wären im Fall einer Klage 720 € Arbeitsgerichtskosten zu veranschlagen. Diese übersteigen bereits die vom Unternehmen zu tragenden Kosten von 625 € für das Gruppenoutplacement. Wird hingegen angenommen, dass die gekündigten Mitarbeiter nicht klagen, so wäre die betriebliche Kündigung um 625 € günstiger als eine geförderte Outplacementmaßnahme und um 1.250 € im Vergleich zu einer nicht geförderten. Die sozialverträgliche Lösung der Aufhebung mit Outplacement wäre bei einem so geringen Kostenunterschied in jedem Fall vorzuziehen, da sie zusätzlich der Vermeidung von Arbeitsgerichtsprozessen dient. Bei diesem Kostenvergleich sind nur die direkten Kosten berücksichtigt worden. Bezieht man außerdem den Nutzen des Imagegewinns (Ig) und der Bindung der verbleibenden Mitarbeiter (B_{Ma}) ein, die beim Einsatz von Gruppenoutplacement im Vergleich zu einer betrieblichen Kündigung ohne Unterstützung bei der beruflichen Neuorientierung deutlich höher sein sollten, so wird deutlich, dass das Angebot von Gruppenoutplacement einen erheblichen Vorteil für das entlassende Unternehmen darstellt.

Gruppenout-
placement lohnt
sich

Kosten für die Outplacementberatung unter Berücksichtigung von Image- und Bindungswirkung

Daraus ergibt sich folgende Formel für die Berechnung der Gesamtkosten:

$$Gko_{Out} = Abf_{bK} + M_B * Pnk * Lz_{AV} + 1.250 - 625 - Ig - B_{MA}$$

3.1.3 Transfergesellschaft

Ziele und Nutzen

Das Ziel der Tätigkeit von Transfer- oder Beschäftigungsgesellschaften ist, von betriebsbedingtem Personalabbau betroffene Beschäftigte bei der Aufnahme einer neuen Erwerbstätigkeit zu unterstützen, damit sie nicht arbeitslos werden. Die Mitglieder der Beschäftigungsgesellschaft werden von ihrer Arbeit freigestellt, um die gewonnene Zeit für die Neuorientierung am Arbeitsmarkt zu nutzen. Transfergesellschaften können intern als Bereich eines Unternehmens (betriebsorganisatorisch eigenständige Einheit, beE) oder extern, d. h. mit eigener Gesellschaftsform, als Beschäftigungs- und Qualifizierungsgesellschaft (BQG) eingerichtet werden (Fischer & von Pelchrzim, 2005). Außerdem können sie alternativ oder in Kombination mit Gruppenoutplacements eingesetzt werden (Nicolai, 2005).

> Der Nutzen von Transfergesellschaften stimmt in wesentlichen Punkten mit jenen von Outplacement allgemein überein und wird hier deshalb nicht erneut dargestellt. Ein weiterer Vorteil besteht darin, dass Betriebsverlagerungen oder -stilllegungen auf einen Stichtag hin geplant und umgesetzt werden können (Blatt, Kriegesmann & Kottmann, 2002). Die Einrichtung einer Transfergesellschaft ist freiwillig. Eine finanzielle Förderung der Mitarbeiter in den Transfergesellschaften ist auf der Grundlage des Bezugs von Transferkurzarbeitergeld (§ 216 SGB III) möglich. Die Einrichtung einer Transfergesellschaft ist dadurch ein wichtiges Finanzierungsinstrument des Personalabbaus für Unternehmen.

Arbeitsvertrag mit der Transfergesellschaft

Im Gegensatz zum Einzel- und Gruppenoutplacement, das während der Vertragsdauer mit dem abgebenden Unternehmen stattfindet, schließt der Arbeitnehmer mit der Transfergesellschaft ein befristetes Arbeitsverhältnis und gehört damit nicht mehr dem abgebenden Unternehmen an. Die Entscheidung für einen Aufhebungsvertrag mit dem bisherigen Unternehmen und ein Beschäftigungsverhältnis mit der Transfergesellschaft liegt beim Arbeitnehmer (Kuchenbecker & Schmitt, 2005). Für die Arbeitnehmer ist der Wechsel in die Transfergesellschaft meist mit den Vorteilen verbunden, dass sie erstens länger in einem Beschäftigungsverhältnis bleiben als wenn sie auf die Kündigungsfrist angewiesen sind, und dass sie zweitens keine Sperrfrist für den Bezug von Arbeitslosengeld erhalten, wie es bei der Schließung von Aufhebungsverträgen oder dem Verzicht auf Kündigungsfristen der Fall ist. Ein Nachteil besteht darin, dass sie sich als Mitarbeiter einer Transfergesellschaft um eine neue Tätigkeit bewerben. Außerdem können bei Einrichtung einer Transfergesellschaft die Kriterien der Sozialauswahl umgangen werden.

Aufgaben von Transfergesellschaften

Die Aufgaben einer Transfergesellschaft sind jenen von Outplacementmaßnahmen ähnlich, sie gehen aber in bestimmten Punkten, zum Teil aufgrund der stärkeren gesetzlichen Regelung, darüber hinaus. So wird aus der folgenden Auflistung deutlich, dass auch die Transfergesellschaft für die Suche und Vermittlung von Stellen zuständig ist, während beim Einzel- und Gruppenoutplacement die Teilnehmer dafür verantwortlich sind.

Stärker geregelt als Outplacement

Typische Aufgaben von Transfergesellschaften
– Ggf. Profiling zur Feststellung der Vermittlungsfähigkeit (siehe Kasten auf S. 58)

54

- Identifikation offener Stellen
- Kontaktanbahnung zu potenziellen Arbeitgebern
- Durchführung von Trainings zur Vorbereitung auf die Bewerbung und auf Vorstellungsgespräche
- Vermittlung von Betriebspraktika und Probearbeitsverhältnissen
- Durchführung fachlicher und überfachlicher Trainings zur Verbesserung der beruflichen Qualifikationen und/oder neutrale Auswahl externer Bildungsangebote nach individuellem Bedarf
- Bereitstellung von Infrastruktur zur Jobsuche und Bewerbung

Regelungen und deren potenzielle Auswirkungen

Im Sozialplan bzw. Transfersozialplan einigen sich Arbeitgeber und Arbeitnehmervertreter auf die Einrichtung und die Bedingungen der Transfergesellschaft. Diese Vereinbarungen haben maßgeblichen Einfluss auf die Bereitschaft der Beschäftigten, einen Vertrag mit der Transfergesellschaft einzugehen. Geregelt werden typischerweise folgende Aspekte:

Regelungsaspekte bzgl. Transfergesellschaften

- Gilt das Angebot des Übergangs in die Transfergesellschaft als Alternative oder als zusätzliche Leistung zu einer Abfindung?
- Erfolgt eine Aufstockung der Löhne für die Transferzeit und wenn ja, in welcher Höhe, oder sind die Löhne auf das Transferkurzarbeitergeld (Höhe des Arbeitslosengeldes) beschränkt?
- Wie lange läuft das Arbeitsverhältnis mit der Transfergesellschaft (Transferzeit)?
- Welche Finanzmittel stehen für die Qualifizierung der Beschäftigten zur Verfügung?
- Gibt es Prämien für ein vorzeitiges Verlassen der Transfergesellschaft und wenn ja, in welcher Höhe?
- Endet der Vertrag mit der Transfergesellschaft bei vorzeitigem Verlassen oder ruht er und kann während der Laufzeit der Transfergesellschaft wieder aufgenommen werden, falls das Arbeitsverhältnis mit dem neuen Arbeitgeber zuvor endet?

Wird der Übergang in die Transfergesellschaft als Alternative zu sehr attraktiven finanziellen Abfindungen angeboten, so schränkt das die Nachfrage von Seiten der Arbeitnehmer erheblich ein. Gleiches gilt, wenn keine Aufstockung der Löhne durch den bisherigen Arbeitgeber vereinbart wird. Der Aufstockungsbetrag führt in der Praxis daher meist zu 70 bis 100 % des bisherigen Nettolohnes. Backes und Knuth (2006) wie auch Nicolai (2008) weisen darauf hin, dass die Aufstockung nicht

zu hoch sein sollte, weil sich das negativ auf die Bereitschaft der Beschäftigten auswirke, die Transfergesellschaft zugunsten eines etwas
schlechter bezahlten Arbeitsverhältnisses zu verlassen. Eine gute Ba-
lance zwischen dem Anreiz, in die Transfergesellschaft zu gehen und diese auch wieder zu verlassen, wird bei einer Aufstockung auf 80% gesehen (vgl. z. B. Myritz, 2006). Da die gesetzliche Förderungshöchstdauer
auf ein Jahr begrenzt ist und es keine Verlängerungsoption gibt, variieren
die Laufzeiten für die Transfergesellschaften meist zwischen der doppel-
ten Kündigungsfrist und einem Jahr. Ausnahmen davon sind eher selten,
eine ist die Gründung einer Transfergesellschaft von zweijähriger Dauer
mit Aufstockung auf 85% bei Siemens (o.V., 2008). Durch lange Dauer
(zumal bei gleichzeitig hoher Aufstockung) steigt jedoch das Risiko, dass
sich die Beschäftigten nicht intensiv genug um die berufliche Neuorientierung kümmern und dadurch ihre Chancen auf eine Wiedervermittlung
sinken. Die Höhe der Qualifizierungsmittel für Trainingsmaßnahmen
sollte bei einer Transferzeit von 6 Monaten bei mindestens 500 € pro
Mitarbeiter liegen (Backes & Knuth, 2006). Die Attraktivität des Übergangs in die Transfergesellschaft kann auch dadurch gesteigert werden,
dass eine Prämie für das vorzeitige Verlassen vereinbart wird. In der Praxis wird häufig eine Aufteilung der eingesparten Kosten zwischen Arbeitnehmer, abgebendem Arbeitgeber und Transfergesellschaft zu je
einem Drittel vereinbart.

Umsetzungsphasen bei der Einrichtung einer Transfergesellschaft

Für die Einrichtung einer Transfergesellschaft empfehlen Backes und
Knuth (2006, S. 41f.) ein Vorgehen in vier Phasen, die unterschiedliche
Arbeitsschwerpunkte aufweisen:

Phasen bei der Einrichtung einer Transfergesellschaft
Informationsphase
– Arbeitgeber und Arbeitnehmervertretung informieren sich bei der Ar-beitsagentur über Fördermöglichkeiten und deren Voraussetzungen – Arbeitgeber und Arbeitnehmervertretung laden ein oder zwei Trans-fergesellschaften ein, um deren Erfahrungen und notwendige Umset-zungsschritte kennenzulernen (typischerweise kostenlos, da Teil de-ren Akquisition)
Beratungsphase
– Die zentralen Akteure (Unternehmensleitung, Arbeitnehmervertre-tung und örtliche Vertretung der Arbeitsagentur), ggf. Arbeitgeberver-

band sowie Gewerkschaft klären die im Kasten auf S. 55 genannten Punkte (Regelungen und ihre Auswirkungen)
- Zusätzlich werden weitere Fragen angesprochen:
  • Welche Mitarbeiter erhalten das Angebot?
  • Wird gleichzeitig eine betriebsbedingte Endigungskündigung angedroht?
  • Wie setzt sich der Beirat der Transfergesellschaft zusammen?
  • Welche Anforderungen werden an die Transfergesellschaft gestellt?

Entscheidungsphase

- Abschluss des Transfersozialplans zwischen Arbeitgeber und Arbeitnehmervertretung, der die in der Beratungsphase vereinbarten Aspekte regelt
- Entscheidung für einen der bietenden Projektträger und dessen Beauftragung

Durchführungsphase

- Verabredung des Terminplans zwischen Arbeitgeber und Transfergesellschaft
- Konzipierung der dreiseitigen Verträge zwischen Arbeitgeber, Arbeitnehmer und Transfergesellschaft, die auch arbeitsrechtliche Konsequenzen vorsehen müssen, falls Mitarbeiter Qualifizierungsmaßnahmen verweigern (Nicolai, 2008)
- Information der Belegschaft über die geplante Maßnahme
- Information der Agentur für Arbeit
- Abstimmung der konkreten Schritte zwischen Arbeitgeber, Agentur für Arbeit und Transfergesellschaft
- Profiling der betroffenen Mitarbeiter nach den Vorgaben der Agentur für Arbeit (s. separater Kasten auf S. 58)
- Übertritt der betroffenen Mitarbeiter in die Transfergesellschaft durch Vertragsunterzeichnung (Wenn Arbeitnehmer nicht in die Transfergesellschaft übertreten, wird meist ein Aufhebungsvertrag mit einer Abfindung geschlossen)

Zum Zeitpunkt des Übertritts der Mitarbeiter beginnt die Transfergesellschaft mit ihrer eigentlichen Tätigkeit. Als neuer Arbeitgeber ist sie nicht nur für die Qualifizierung, sondern auch für die Gehaltsabrechnung zuständig (Stück, 2006).

Zur Verbesserung der Vermittlungschancen der Beschäftigten einer Transfergesellschaft hat die Bundesagentur für Arbeit seit 2008 neue Regelungen zur Zusammenarbeit der Agenturen für Arbeit mit Arbeitgebern bzw. Trägern von Transfermaßnahmen und -gesellschaften eingeführt, die sich auf folgende Aspekte beziehen (Nicolai, 2008, S. 225): **Chancen verbessern**
1. Erhöhung der Transparenz der Arbeitsweise von Transfergesellschaften

2. Maßnahmen zur Kontrolle der Leistungen von Transfergesellschaften
3. Eine Verlagerung von Beratungsschritten vor den Übergang in die Transfergesellschaft zur Beschleunigung von Qualifizierung und Vermittlung
4. Eine stärkere direkte Mitwirkung der Agentur für Arbeit im Vermittlungsprozess

Zum dritten Punkt gehört das sog. Profiling (vgl. Nicolai, 2008; Stück, 2006), das noch bis 2007 in den ersten Wochen der Zugehörigkeit zur Transfergesellschaft durchgeführt wurde. Das Vorliegen der vollständigen Profilingunterlagen bildet die Grundlage für die Bewilligung des Transferkurzarbeitergeldes durch die Bundesagentur für Arbeit.

Profiling

Alle Interessenten einer Transfergesellschaft müssen verpflichtend an einem Profiling teilnehmen, in dem ihre Eingliederungsaussichten in neue Erwerbstätigkeiten noch vor dem Übergang in die Transfergesellschaft eingeschätzt werden. Das Profiling umfasst die Beurteilung der Leistungsfähigkeit, der Chancen am Arbeitsmarkt und des Qualifizierungsbedarfs. Es kann durch die Bundesagentur für Arbeit, den Arbeitgeber oder die Transfergesellschaft durchgeführt werden. Die Agentur für Arbeit stellt hierfür ein 10-seitiges Formular zur Verfügung, das sich in die Abschnitte 1. Persönliche Daten, 2. Berufliche Daten, 3. Vorbereitung Vermittlungsgespräch gliedert. Neben der detaillierten Erfassung des persönlichen und beruflichen Werdegangs und der Qualifikationen werden inzwischen auch Bewerbungsaktivitäten dokumentiert.

Die Tätigkeit der Transfergesellschaften wird durch die seit Anfang 2008 gültigen Regelungen der Zusammenarbeit mit den Arbeitsagenturen stärker mit denen der Arbeitsvermittler verzahnt. So soll innerhalb von 10 Tagen nach dem Profiling ein Gespräch mit dem Vermittler der Arbeitsagentur stattfinden. Weitere Gespräche finden im Verlauf der Transferzeit statt. Neben der bereits zuvor üblichen Strukturdatenerhebung nach 6 und 12 Monaten sind die Transfergesellschaften außerdem verpflichtet, die Arbeitsagentur über ihre Vermittlungsaktivitäten und -hemmnisse nach 4 und 8 Monaten zu informieren (Nicolai, 2008).

Qualitätsmerkmale von Transfergesellschaften

Als wesentliches Erfolgskriterium der Arbeit von Transfergesellschaften gilt die Vermittlungsquote (Backes & Knuth, 2006; Nicolai, 2008). Das ist naheliegend, weil das Ziel ihrer Tätigkeit Vermeidung von Arbeitslosigkeit durch Vermittlung der Beschäftigten in neue Erwerbstätigkeit ist. Während die Vermittlungsquoten bis 2006 häufig relativ gering waren, weil die Transfergesellschaften von den Unternehmen eher als Mittel zur

Frühverrentung eingesetzt wurden, steigt inzwischen der Einsatz zur Vermittlung in neue Erwerbstätigkeit und damit auch die Vermittlungsquote.

Gleichwohl weisen die Autoren darauf hin, dass dieses Kriterium nur eingeschränkt nützlich ist, weil die Vermittlungsquote nicht nur von der Leistung der Transfergesellschaft abhängt, sondern von einer Vielzahl weiterer Faktoren (vgl. auch Preiß, 2008). Hier sind beispielsweise die Qualifikation, der Gesundheitszustand und das Alter der Beschäftigten, die regionale Arbeitsmarktsituation und die Leistungsvereinbarung mit dem abgebenden Unternehmen zu nennen. Auch unterscheiden sich die Berechnungen der Quote zum Teil erheblich. Gelten nur solche Personen als vermittelt, die eine bezahlte und nicht geförderte Erwerbstätigkeit aufnehmen, so fällt die Quote deutlich niedriger aus, als wenn auch Personen einbezogen werden, die z. B. ein Studium aufnehmen, in Elternzeit oder Rente gehen.

Erfolg hängt auch stark von Merkmalen der Mitarbeiter ab

Da Vermittlungsquote und -dauer erst im Nachhinein für eine konkrete Gruppe von Beschäftigten vorliegen, bietet es sich an, auch andere Kriterien bei der Auswahl einer Transfergesellschaft zu berücksichtigen. Das sind neben den genannten inhaltlichen Aspekten die Transparenz des Angebots, die Kosten, die Regelung der Finanzierung, das Ausmaß von Kommunikation und Dokumentation der Aktivitäten, die Ausbildung der Berater, deren Verfügbarkeit vor Ort und die Personaldecke der Transfergesellschaft, d. h. die Betreuungsrelation (vgl. Backes & Knuth, 2006).

Fischer und Pelchrzim (2005) berichten auf der Grundlage ihrer Erhebung bei 18 internen und externen Transfergesellschaften von einer breiten Streuung der Vermittlungsquoten von 2 bis 70 % (der Durchschnitt der internen Gesellschaften lag bei 19 %, der der externen bei 54 %). Außerdem stellten die Autoren fest, dass externe Gesellschaften effizienter arbeiten, d. h., dass sie die bessere Vermittlungsquote bei geringerer Betreuung erzielen, was möglicherweise auf ihre längere Erfahrung mit dieser Tätigkeit zurückzuführen ist. Dennoch gilt: Vermittlungserfolge steigen mit der Betreuungs- und Qualifizierungsintensität. Den Schwerpunkt der Qualifizierungsmaßnahmen bildeten im Allgemeinen individuelle überfachliche Qualifizierungen, z. B. im IT-Bereich oder der Ausbildung von Sprachen, das individuelle Coaching und das Bewerbungstraining. Interne Gesellschaften waren allerdings erfolgreicher als externe bei der Erschließung neuer beruflicher Tätigkeitsfelder für die Beschäftigten. Neben den o. g. faktischen Erschwernissen für eine Vermittlung (z. B. das Alter) identifizierten die Autoren psychologische Barrieren bei den Beschäftigten wie Konsumentenhaltung und Angst vor beruflicher Veränderung sowie vor Statusverlust.

Externe Transfergesellschaften sind erfolgreicher

Kosten

Bei den Kosten muss zwischen den Unterhaltskosten für die Arbeitnehmer sowie den Organisationskosten für die Transfergesellschaft unterschieden werden. Das von der Bundesagentur für Arbeit gewährte Transferkurzarbeitergeld als Zuschuss zu den Unterhaltskosten beträgt 60 % des Differenzbetrages aus dem bisherigen und dem tatsächlich erzielten pauschalierten Nettoentgelt (bei Arbeitnehmern mit mindestens einem Kind 67 %). Die Förderungshöchstdauer liegt bei zwölf Monaten. Sie ist an bestimmte Bedingungen geknüpft, die bei Stück (2006) ausführlich beschrieben sind.

Voraussetzungen für die Gewährung von Transferkurzarbeitergeld (vgl. Stück, 2006)
1. Es muss eine Betriebsänderung i.S.d. § 111 Satz 3 Nr. 1–5 BetrVG vorliegen
2. Aufgrund der Betriebsänderung erfolgen Personalanpassungsmaßnahmen, die zum dauerhaften Entfall von Beschäftigung bzw. zu drohender Arbeitslosigkeit i.S.d. § 17 SGB III führen
3. Die vom Arbeitsausfall betroffenen Mitarbeiter werden unmittelbar aus dem bestehenden Arbeitsverhältnis in einer betriebsorganisatorisch eigenständigen Einheit (beE) zusammengefasst
4. Während der Bezugsdauer des Transferkurzarbeitergeldes werden Vermittlungsvorschläge unterbreitet und ggf. Qualifizierungsmaßnahmen durchgeführt
5. Es darf keine Anschlussbeschäftigung im Betrieb, Unternehmen und Konzern des abgebenden Unternehmens geben

Fördermöglichkeiten

Neben dem Kurzarbeitergeld, das die Transfergesellschaft beantragt, können vom abgebenden Unternehmen noch während des laufenden Arbeitsverhältnisses auch Transferzuschüsse beantragt werden. Diese können allerdings nur für Maßnahmen beantragt werden, die von Dritten durchgeführt werden. Die Förderung durch die Arbeitsagentur kann bis zur Hälfte der Kosten (max. 2.500 € pro Mitarbeiter) betragen. Beide Formen der Unterstützung können allerdings nicht zeitgleich, sondern nur nacheinander in Anspruch genommen werden. Die Nutzung von Transferzuschüssen muss also der von Kurzarbeitergeld vorausgehen. Diese Kombinationsmöglichkeit kann wirtschaftlich sehr sinnvoll sein (Nicolai, 2005; Stück, 2006). Außerdem können Kosten für das Profiling sowie für Qualifizierungsmaßnahmen zumindest anteilig von den Arbeitsagenturen gefördert werden. Bei Stück (2006) finden sich außerdem Hinweise auf weitere finanzielle Fördermöglichkeiten, z. B. zu Mobilitätshilfen und für Qualifizierungsmaßnahmen z. B. über den Europäischen Fond für die Anpassung an die Globalisierung.

Während des Bezugs von Transferkurzarbeitergeld sind die Beschäftigten sozialversicherungspflichtig. Die Beiträge werden vom Arbeitgeber allein

60

auf der Grundlage von 80 % des ausgefallenen Entgelts für die Renten-, Kranken- und Pflegeversicherung getragen. Für die Arbeitslosenversicherung sind keine Beiträge zu zahlen (Stück, 2006). Außerdem fallen für das abgebende Unternehmen Infrastrukturkosten, ggf. Personalverwaltungskosten sowie die Beratungskosten für die Laufzeit der Transfergesellschaft an. Für den Kostenblock der Transfergesellschaft können eingesparte Löhne und Gehälter der Restlaufzeit der Arbeitsverträge sowie der mit der Arbeitnehmervertretung zu vereinbarende Verzicht auf Abfindungen als Gegenleistung für die Einrichtung einer Transfergesellschaft zur partiellen Gegenfinanzierung genutzt werden (Nicolai, 2005). Für diese Kosten kann keine Unterstützung beantragt werden.

Transfergesellschaften bieten und kosten mehr als Gruppenoutplacement

Für die Beschäftigten der Transfergesellschaft ist das Transferkurzarbeitergeld steuerfrei, allerdings unterliegen die Aufstockungsbeträge und das Entgelt für Feier- und Urlaubstage der Besteuerung (Stück, 2006).

3.2 Auswahl von Outplacementberatern

Die Auswahl geeigneter Outplacementberater bezieht sich einerseits auf die Personen, die die Beratung der Klienten faktisch durchführen und andererseits – sofern die Leistung nicht intern erstellt wird – auf Outplacementunternehmen. Da im Fall der externen Durchführung der Outplacementvertrag für Dritte, d. h. für die zu entlassenden Mitarbeiter, abgeschlossen wird, ergibt sich ein Mehrecksverhältnis für die Leistungserbringung. Auf diese spezifische Bedingung des Outplacements wird im Folgenden eingegangen, bevor die Qualifikation der Berater thematisiert wird. Speziell bei größeren Personalabbaumaßnahmen werden sich die beauftragenden Unternehmen allerdings in aller Regel nicht mit den einzelnen Beratern beschäftigen, sondern ein Outplacementunternehmen engagieren, das die Qualität seiner Berater sicherstellt. Die Anforderungen an Outplacementunternehmen und die Merkmale aktueller Anbieter werden in den Abschnitten 3.2.3 und 3.2.4 beschrieben.

3.2.1 Rahmenbedingungen für Outplacementberater

Outplacementberater befinden sich im Spannungsfeld unterschiedlicher Stakeholder: ihrer Arbeitgeber, der Klienten und des beauftragenden Unternehmens. Im wichtigsten Erfolgskriterium für die Beratung, der schnellen Wiederaufnahme einer angemessenen Erwerbstätigkeit, besteht Einigkeit zwischen den drei Stakeholdergruppen. Unabhängig davon verfolgen die Gruppen aber auch weitere, nicht deckungsgleiche Ziele (s. Abb. 7).

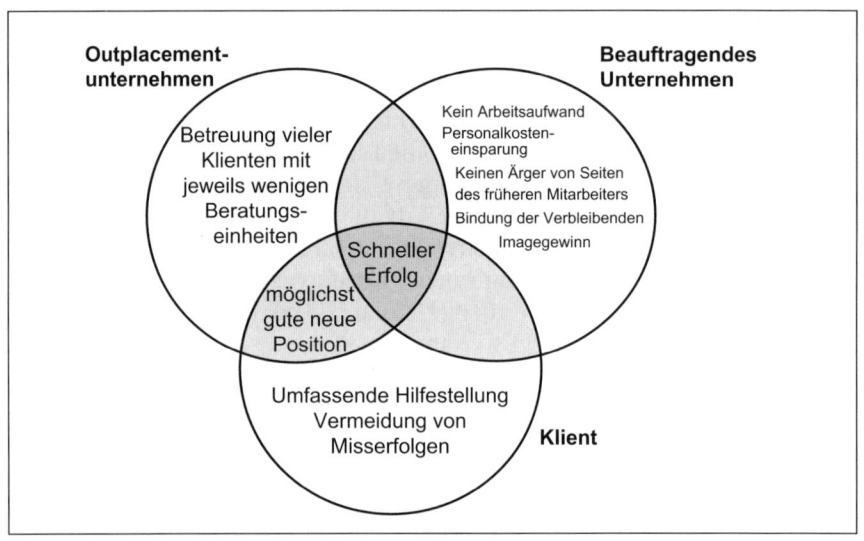

Abbildung 7:
Ziele der Stakeholder im Outplacementprozess, die sich in Erwartungen an
Outplacementberater spiegeln

Der Arbeitgeber (es sei denn, die Berater sind selbständig tätig) erwartet
von seinen Outplacementberatern, dass sie die Klienten effizient beraten.
Konkret bedeutet das, sie sollen möglichst wenige Beratungseinheiten verwenden, um die Klienten bei der raschen Wiederaufnahme einer angemessenen Erwerbstätigkeit zu unterstützen. Denn je geringer der Ressourcen-
verbrauch und je früher eine neue Erwerbstätigkeit aufgenommen wird,
desto höher ist der Gewinn des Outplacementunternehmens. Außerdem ist
es für das Unternehmen wichtig, dass die Klienten möglichst gute Positionen erhalten, weil das Outplacementunternehmen neben der Vermittlungsquote auch mit diesem Argument werben möchte. Dieses Ziel hat das
Unternehmen mit den Klienten gemeinsam, für die es ebenfalls erstrebens-
wert ist, bezüglich wichtiger Kriterien wie Entgelt, Arbeitsinhalte und Verantwortung eine der vorherigen Position mindestens gleichrangige zu erhalten. Ferner erwarten die Klienten so viel Hilfestellung, wie für die
Erreichung ihres Berufsziels notwendig ist. Diese Anforderung steht unter
Umständen im Widerspruch zur Forderung nach möglichst wenigen Beratungseinheiten, die das Outplacementunternehmen an seine Mitarbeiter
stellt. Weiterhin ist es für die Klienten wichtig, dass im gesamten Prozess
der Beratung ihr Selbstwertgefühl gestärkt wird, indem Erfolge erzielt und
Misserfolge vermieden werden. Das beauftragende Unternehmen hat das
Ziel, sich so schnell wie möglich von den früheren Mitarbeitern zu trennen
und keinen weiteren Kosten- und Arbeitsaufwand zu haben. Sein Interesse
an einem möglichst raschen Erfolg resultiert daraus, dass es dann keine
Schwierigkeiten von Seiten des früheren Mitarbeiters zu erwarten hat und

**Diener vieler
Herren**

dass sich die erfolgreiche Gestaltung des Personalabbaus in geringstmöglichen Schäden für Unternehmensimage und Mitarbeiterbindung auswirkt. Bei internen Outplacementberatern fallen Arbeitgeber und beauftragendes Unternehmen zusammen, so dass sich der Arbeitsauftrag für die Berater in diesem Fall etwas einfacher gestaltet.

3.2.2 Anforderungen an Outplacementberater

Das Ergebnis der Beratungsleistung hängt in hohem Maß von der Qualität des Beraters ab. Gleichwohl haben – speziell bei umfangreichen Personalabbaumaßnahmen – nur wenige Klienten unmittelbaren Einfluss auf die Auswahl ihrer Berater. Es wird typischerweise ein Beratungsunternehmen beauftragt, dass die Qualität und die Anzahl der benötigten Berater sicherstellt. Outplacementklienten haben lediglich die Möglichkeit, vom zugewiesenen Berater zu einem anderen zu wechseln, wenn sie mit Ersterem nicht gut zusammenarbeiten können. Im Sinne einer fairen Trennung und einer erfolgreichen Neuorientierung wäre es aber wichtig, die Klienten könnten ihre persönlichen Berater von vornherein selbst auswählen. Dazu wäre es notwendig, dass die Beraterprofile zugänglich sind und Probegespräche geführt werden können. Wird die Möglichkeit zu letzterem gegeben, müssen natürlich höhere Kosten berücksichtigt werden.

> **Freie Wahl ist selten gegeben**

Auf die herausragende Bedeutung der Beziehung zwischen Berater und Klient haben Lambert und Barley (2002) hingewiesen. Die Autoren haben eine Vielzahl von Studien und Meta-Analysen aus sechs Jahrzehnten Forschung zum Erfolg von Psychotherapien analysiert und auf dieser Basis den relativen Beitrag verschiedener Komponenten für den Beratungserfolg geschätzt (s. Abb. 8). Ihre Ergebnisse sind auch für die Beratung im Outplacementprozess relevant. Danach hängt der Beratungserfolg mit ca. 40 % allerdings in erster Linie von Faktoren auf Seiten des Klienten ab, die nicht in direktem Zusammenhang zur Beratung stehen. Die Autoren verstehen darunter individuelle Merkmale der Klienten, emotionale Unterstützung und zufällige Ereignisse. Die Erwartungshaltung des Klienten umfasst den Glauben an die Wirksamkeit der Beratung wie auch Placebo-Effekte und macht ca. 15 % des Ergebnisses aus. Mit Techniken sind unterschiedliche und je nach Beratungsansatz spezifische Methoden wie Biofeedback oder kognitive Restrukturierung gemeint. Ihr Anteil am Erfolg wird auf 15 % geschätzt. Unabhängig von der theoretischen Ausrichtung des Beraters geht es in jeder Beratung darum, eine gute Beziehung zum Klienten aufzubauen. Diese Komponente beinhaltet Empathie, Ermutigung von Seiten des Beraters und das Gefühl des Klienten, verstanden und akzeptiert zu werden, sowie ein gemeinsames Verständnis von Aufgaben und Zielen der Zusammenarbeit. Ihr wird ein relatives Gewicht von 30 % beigemessen, und sie ist damit der entscheidende Faktor des beratungsbedingten Erfolgs.

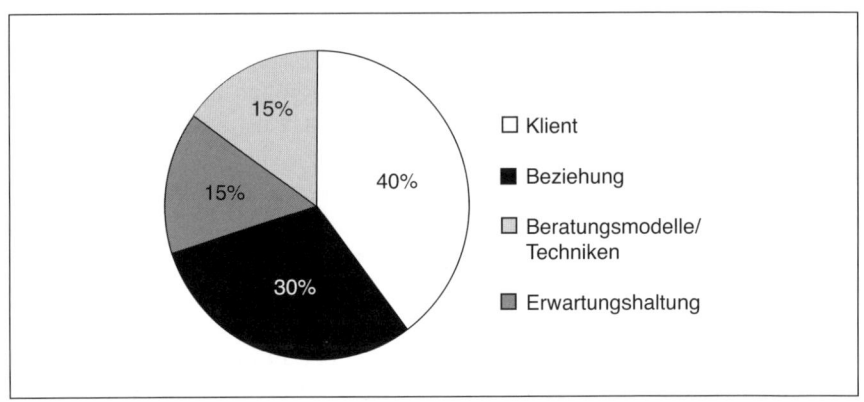

Abbildung 8:
Faktoren des Beratungserfolgs bei Psychotherapien (Lambert & Barley, 2002)

Die Wellenlänge muss stimmen

Hellweg und Lamersdorf (2005) befragten Outplacementklienten nach ihren Anforderungen an die Berater. Das am häufigsten genannte Kriterium (94 % der Teilnehmer) war die „richtige Wellenlänge" zwischen Berater und Klient. Mit deutlichem Abstand, aber jeweils über 70 % Nennungen, folgten die Forderungen nach Outplacementspezialisten und einer jeweils mehrjährigen Führungs-, Beratungs- und Personalmanagementerfahrung. Mit etwas geringerer Häufigkeit wurde die Vermittlungsquote genannt. Bei diesen interessanten Ergebnissen bleibt leider unklar, wie groß die Stichprobe der befragten Klienten war, im Ergebnis bestätigen sie tendenziell die Erkenntnisse von Lambert und Barley (2002) auch für die Outplacementberatung.

Bisher haben sich wenige Autoren ausführlich mit den erforderlichen Kompetenzen von Outplacementberatern beschäftigt (z. B. Heizmann, 2003). Merkmal aller Ansätze sind sehr lange Eigenschafts-, Fähigkeits- und Qualifikationslisten, bei deren Sichtung deutlich wird, dass vermutlich kein Berater alle aufgelisteten Anforderungen gleichzeitig erfüllt. Soweit solche Aufstellungen für die Auswahl von Beratern genutzt werden, sollte bedacht werden, dass Mängel in einem Bereich durch Kompetenzen in anderen Bereichen kompensiert werden können. Unabdingbar ist aber – wie in Kapitel 2 dargestellt –, dass Berater prozessorientiert beraten können, um eine gute Beziehung zum Klienten aufbauen zu können und ihm den Zugang zu seinen Ressourcen zu ermöglichen. Deshalb ist gut vorstellbar, dass ein Berater mit ähnlichem Schicksal wie sein Klient und einer dadurch bedingten hohen Glaubwürdigkeit diesen sehr gut bei einer Neuorientierung begleiten kann, auch wenn er sich nicht mit allen Zugängen zum Arbeitsmarkt perfekt auskennt. Trotzdem wird man auch darauf achten, dass ein Berater über Expertenwissen bezüglich gängiger Auswahlmethoden, einen Arbeitsmarktüberblick sowie ein Beziehungsnetzwerk verfügt.

3.2.3 Anforderungen an Outplacementunternehmen

Bei der Einschätzung von Beratungsunternehmen spielen vier Aspekte eine besondere Rolle: das Outplacementunternehmen, dessen Beratungsangebote, die Qualifikation seiner Berater und dessen materielle Ausstattung. Da die Qualifikation der Berater bereits im vorausgehenden Abschnitt besprochen wurde, werden an dieser Stelle für die übrigen drei Bereiche Anhaltspunkte für deren Einschätzung geboten (Andrzejewski, 2008; Heizmann, 2003; Kratz & Darga, 2007; Rausch, 2004).

Checkliste zur Auswahl von Outplacementberatungen
Outplacementunternehmen
– Outplacement als Haupt- oder Nebenzweck der Unternehmung – Unternehmensgeschichte, Dauer im Markt – Geographische Verbreitung und Vernetzung – Bisherige Erfolgsquoten bei Einzel- und Gruppenoutplacement – Zur Branche und zur Tätigkeit der Klienten passende Referenzen – Regionale Vernetzung in den Bereichen Stellenakquisition und berufliche Bildung – Maßnahmen zum Qualitätsmanagement, z. B. Kundenzufriedenheitsevaluationen – Auswahl, Einarbeitung, Qualifizierung, Supervision der Berater, Anreizsystem, Kontakt der Berater zum Markt
Beratungsangebot
– Einzel- und/oder Gruppenberatung – Zielgruppen: Führungskräfte und/oder Mitarbeiter – Umfang und Dauer der Beratung – Kontinuität in der Beratung – Ausmaß an Expertenunterstützung, z. B. im juristischen und testpsychologischen Bereich – Instrumente und Methoden der Beratung – Vernetzung der Klienten untereinander: Gruppenaktivitäten, Kontakte zu Ehemaligen – Regelmäßiges Berichtswesen (z. B. Kostenverlauf, Stand der Qualifizierungen, Vermittlungsquote)
Materielle Ausstattung
– Arbeitsplätze für die Klienten mit MsOffice-Software, Drucker etc. – Sekretariatsservice – Zugang zum Kontaktnetzwerk des Unternehmens – Recherchemöglichkeiten: Internetzugang, Medien, Unternehmensdatenbank für Markt- und Unternehmensrecherchen – Ausstattung für die Aufzeichnung und Betrachtung von Rollenspielen

3.2.4 Charakteristika aktueller Outplacementunternehmen

Der große Erfolg von Outplacementmaßnahmen wird zwar von allen Outplacementanbietern behauptet, allerdings sind bislang objektive Daten zur Erfüllung der wichtigsten Erfolgskriterien Mangelware. Stattdessen sind Interessenten im Wesentlichen auf Selbstauskünfte der Beratungsunternehmen angewiesen.

In einer Befragung von Outplacementunternehmen zeigten sich auch die zu erwartenden positiven Ergebnisse (Jonas & Lohaus, 2008). Von den 50 kontaktierten Unternehmen, bei denen es sich um Mitglieder des Bundesverbands Deutscher Unternehmensberater (BDU e. V.) sowie mit ihnen vernetzter Unternehmen handelt, nahmen 25 an der Studie teil. Die Daten wurden über die Sichtung der Internetseiten der Unternehmen sowie Telefoninterviews bzw. schriftliche Befragungen gewonnen. Da einige der befragten Unternehmen die Bekanntgabe ihrer Firma und die Veröffentlichung ihrer Angaben nicht wünschten, werden die Daten in anonymisierter und aggregierter Form dargestellt.

Bei 56 % der befragten Unternehmen ist Outplacement der Hauptunternehmenszweck, allerdings bieten mit Ausnahme eines Unternehmens alle auch weitere Dienstleistungen an. Diese umfassen Coaching, Karriereberatung, Potenzialanalysen, aber auch Unternehmensberatung, speziell nach Personalabbau, das damit verbundene Change Management und die Entwicklung der verbleibenden Mitarbeiter durch Training und andere Personalentwicklungsmaßnahmen. Wenige Unternehmen geben an, auch gleichzeitig in Personalberatung und Recruitment tätig zu sein. Die beauftragenden Unternehmen sind vorwiegend große und mittelständische Unternehmen, in Ausnahmen auch Kleinunternehmen. Gruppenoutplacement kostet nach Angaben der teilnehmenden Outplacementunternehmen (wobei viele keine Angaben gemacht haben) mindestens 1.300 € pro Person. Die Kosten für ein Einzeloutplacement werden mit einem Minimum von 13.000 € beziffert, die

Tabelle 4:
Charakteristika von Outplacementanbietern

Merkmale der teilnehmenden Unternehmen	Durch-schnitt	Mini-mum	Maxi-mum
Präsenz im Outplacementmarkt (in Jahren) (einige gaben an, bereits länger im Ausland tätig zu sein)	12	4	29
Anzahl Berater (angestellte und freie)	22	2	120
Dauer des Einzeloutplacements (in Monaten)	4,9–6,9	1,5–4	8–12
Angegebene Erfolgsquote im Einzeloutplacement (in %)	94	80	100
Angegebene Erfolgsquote im Gruppenoutplacement (in %)	73	50	100

Tabelle 5:

Beratungsleistungen im Zusammenhang mit Outplacement

Angebot im Zusammenhang mit Outplacementberatung	% der Unternehmen
Einzeloutplacement	100
Gruppenoutplacement	79
Outplacement für Führungskräfte	100
Outplacement für andere Mitarbeiter als Führungskräfte	92
Beratung zu Trennungsmanagement	92
Vorbereitung auf Trennung	88
Bereitstellung von Arbeitsplätzen für die Klienten	71
Erfolgs-/Vermittlungsgarantie möglich	56
Betreuung im neuen Job	96

meisten Unternehmen nennen 20–22 % des letzten Jahresbruttoeinkommens sowie eine Büro- oder Fremdkostenpauschale von mindestens 2.500 €. Bei einer früheren Erhebung bei beauftragenden Unternehmen wurde noch ein Honorar von 15–20 % ermittelt (Kirsch & Hendricks, 1995).

Wie aus Tabelle 4 hervorgeht, sind die Outplacementberatungen sehr unterschiedlich groß und erfahren. Alle geben jedoch an, sehr erfolgreich zu sein. So liegt die durchschnittlich angegebene Erfolgsquote beim Einzeloutplacement bei 94 % und beim Gruppenoutplacement bei 73 % bei einer durchschnittlichen Beratungsdauer von 5 bis 7 Monaten im Einzeloutplacement (Jonas & Lohaus, 2008).

Alle Outplacementunternehmen beschreiben sich als sehr erfolgreich

Alle Unternehmen bieten Einzeloutplacement an, die meisten auch Gruppenoutplacement. Tabelle 5 zeigt, dass es nur noch wenige Unternehmen gibt, die sich auf die Beratung von Führungskräften beschränken. Die meisten Unternehmen bieten eine Beratung bis zum Bestehen der Probezeit an, nur gut die Hälfte allerdings gibt eine Erfolgsgarantie. Zusätzlich zum reinen Outplacement werden typischerweise Trennungsberatung und Vorbereitung auf Trennungsgespräche angeboten sowie z. T. Arbeitsplätze für die Outplacementklienten.

Nur gut die Hälfte gibt eine Erfolgsgarantie

Die Qualifikationen ihrer Berater beschreiben die Unternehmen unterschiedlich hinsichtlich der Erfordernisse eines Studiums, der Berufs- und Führungserfahrung sowie psychologischer Kenntnisse und solcher bezüglich des Personalwesens (s. Tab. 6). Es gibt kein Kriterium, das von allen Outplacementunternehmen als erforderlich angesehen wird. Für die Mehrzahl der Unternehmen ist ein Studium wichtig. Wenn die Fachrichtung spezifiziert wird, sollte es in den Bereichen Psychologie oder Betriebswirtschaft absolviert worden sein. Mehr als die Hälfte der Befragten nennt

Qualifikation: Studium, Berufserfahrung und Beratungskompetenz

Tabelle 6:

Qualifikation der Berater der teilnehmenden Unternehmen

Qualifikation der Berater	Häufigkeit der Nennung durch Unternehmen
Studium (Psychologie, BWL, aber auch Pädagogik, Soziologie, Jura u.a.)	68%
Langjährige Berufserfahrung	56%
Erfahrung in Führungs-/Managementpositionen	44%
Ausbildung in Psychologie/Coaching/Beratung	40%
Kenntnisse im Personalwesen	16%

langjährige Berufserfahrung als wichtiges Kompetenzmerkmal. Ferner wird Wert gelegt auf Erfahrung in Führung bzw. Management und eine Aus- bzw. Weiterbildung, die für die Beratung qualifiziert. Manche der Befragten erwarten von ihren Beratern explizit eine systemische Ausbildung.

3.3 Make or Buy?

Mit der Entscheidung für Outplacement stellt sich die Frage, ob die Leistung unternehmensintern erstellt oder zugekauft wird. Unter einer internen Maßnahme ist zu verstehen, dass die Berater Mitarbeiter des entlassenden Unternehmens sind und die Räume des Unternehmens genutzt werden. Als externe Maßnahmen werden jene bezeichnet, bei denen die Berater Selbständige oder Mitarbeiter eines Outplacementunternehmens sind und Räume und andere Hilfsmittel vom beauftragten Unternehmen bereitgestellt werden. Natürlich können beide Varianten auch kombiniert werden.

Bewertungs-kriterien

Sinnvolle Kriterien zur Abschätzung der beiden Alternativen beziehen sich einerseits auf das beauftragende Unternehmen im Hinblick auf die Freistellung der Gekündigten, die Kosten und die Imagewirkung sowie andererseits auf die Berater, d.h. auf deren Kompetenz, Verfügbarkeit und Akzeptanz durch die Klienten. Für jedes Kriterium werden im Folgenden Argumente aufgeführt, die für bzw. gegen die interne oder externe Realisierung sprechen. Dabei steht die Zielsetzung von Outplacementmaßnahmen aus Sicht des beauftragenden Unternehmens, d.h. die schnelle Aufnahme einer neuen Erwerbstätigkeit, der Schutz des Unternehmensimages und die möglichst kostengünstige Abwicklung, im Vordergrund.

Freistellung der Gekündigten

Es ist in jedem Fall wünschenswert, dass die vom Personalabbau betroffenen Mitarbeiter so schnell wie möglich nach der Übermittlung der Trennungsbotschaft freigestellt werden. Das ist wichtig, damit sie Zeit haben, sich auf die berufliche Neuorientierung zu konzentrieren und sich innerlich vom Unternehmen lösen. Um diesen Prozess zu unterstützen, ist es vorteilhaft, das Outplacement extern durchzuführen, d. h. mit unternehmensfremden Beratern, aber vor allem auch außerhalb des Unternehmens.

Ablösung ist wichtig

Ist eine fortgesetzte Tätigkeit im Unternehmen parallel zur Outplacementberatung unabdingbar, ist es aus zeitlichen Gründen günstig, wenn die Beratung intern durchgeführt wird, d. h. in den Räumen des Unternehmens und von dessen Mitarbeitern. Beide Faktoren gemeinsam, d. h. die fortgesetzte Beschäftigung und die interne Beratung, können aber bei den Klienten die Illusion hervorrufen, sie hätten doch noch eine Chance auf Weiterbeschäftigung im bisherigen Unternehmen. Eine solch trügerische Hoffnung ist kontraproduktiv für eine berufliche Umorientierung, verzögert diese und sollte auf jeden Fall vermieden werden. Wird die Illusion dann durch die endgültige Trennung zerstört, kommt der Mitarbeiter sich möglicherweise vom Unternehmen getäuscht und ausgenutzt vor und entwickelt eine negative Haltung gegenüber dem früheren Arbeitgeber.

Kosten

Bei der Entscheidung für eine interne oder externe Umsetzung des Outplacements ist die Betrachtung der Kosten ein entscheidender Faktor. Bei der externen Beratung entstehen Kosten für die Gewinnung der Berater durch das Einholen und Sichten von Angeboten sowie die Verhandlungsführung. Vor und während der Durchführung sind von Seiten des Personalmanagements außerdem (wie bei interner Durchführung auch) Koordinationsaufgaben zu übernehmen. Beide Arten von Kosten sind eher vernachlässigbar. Der größte Kostenblock beim externen Outplacement entsteht in Form von Beraterhonoraren. Wie die Studie in Kapitel 3.2.4 zeigt, liegen diese beim Einzeloutplacement typischerweise bei 20 bis 22 % des letzten Jahresbruttoeinkommens, mindestens jedoch bei 13.000 € zuzüglich einer Bürokostenpauschale von ca. 2.500 €. Der finanzielle Aufwand wird demnach maßgeblich durch die Anzahl der Klienten bestimmt und muss also im konkreten Fall aufgrund der Gehälter der betroffenen Personen ermittelt werden (siehe Berechnungsmodell in Kapitel 3.1.1). Die Kosten für Gruppenoutplacement variieren zwischen ca. 1.500 und 5.000 € je Teilnehmer, können aber für das beauftragende Unternehmen deutlich reduziert werden, wenn es gelingt, die hälftige Finanzierung der Maßnahme durch die Arbeitsagentur zu erreichen. Wenn diese anteilige

Finanzierung erreicht wird, sprechen die geringeren Kosten für die externe Durchführung von Gruppenoutplacements. Auch bei einer Transfergesellschaft kann die finanzielle Förderung nur erfolgen, wenn die Maßnahme nicht unternehmensintern, sondern durch Dritte durchgeführt wird. Da die Kosten in diesem Fall für das Unternehmen allerdings insgesamt deutlich höher liegen, muss im Einzelfall geprüft werden, ob die interne oder externe Durchführung kostengünstiger ist.

Bei der internen Realisierung sind ebenfalls unterschiedliche Arten von Kosten anzusetzen. Zum einen entstehen ggf. Arbeitsplatzkosten für die Bereitstellung von Räumen und technisch angemessen ausgestatteten Arbeitsplätzen für die Klienten (sofern diese nicht vorhanden sind, sondern angemietet werden müssen) sowie für Arbeitsmittel. Für die internen Berater bzw. Trainer müssen die Kosten angesetzt werden, die entstehen, wenn für die im Outplacement eingesetzten Mitarbeiter z. B. Zeitarbeitskräfte eingekauft werden müssen, die deren andere Aufgaben übernehmen, oder die als Zuschläge anfallen, wenn die Outplacementleistungen zusätzlich erbracht werden. Wird ein Sekretariatsservice angeboten, sind auch die Personalkosten für diese Mitarbeiter zu veranschlagen, sofern dafür zusätzlich Personal eingekauft wird oder Überstunden anfallen. Außerdem müssen Kosten berücksichtigt werden, die durch die Einrichtung bzw. Abstimmung des internen Outplacements entstehen. Unter der Annahme, dass die Beratung während der Kündigungsfrist stattfindet, müssen keine Personalkosten für die Betroffenen berücksichtigt werden. Da interne Outplacementmaßnahmen grundsätzlich nicht durch die Arbeitsagentur gefördert werden können (Nicolai, 2005), wird zumindest bei Gruppenoutplacements der Kostenvergleich vermutlich zugunsten der externen Durchführung ausfallen.

Kosten für die interne Outplacementberatung

Die Kosten setzen sich aus den Komponenten Arbeitsplatzkosten, Kosten für Arbeitsmittel, Personalkosten für die auf die Outplacementberatung verwendete anteilige Arbeitszeit der Berater/Trainer und der Sekretariatskräfte sowie Abstimmungskosten zusammen:

$$Gko_{I-Out} = Apk + Amk + Pk + Abk$$

Dabei werden die Komponenten folgendermaßen bestimmt:

Apk = anteilige Raummiete, Energiekosten und AfA auf Geschäftsausstattung

Amk = Materialkosten, z. B. für Papier, Stifte, Moderationsmaterial etc.

Pk = Bruttomonatseinkommen * Faktor für Personalnebenkosten * anteilige Arbeitszeit

Abk = Durchschnittliches Bruttomonatseinkommen im Unternehmen * Faktor für Personalnebenkosten * geschätzte anteilige Arbeitszeit

---

70

> Daraus ergibt sich folgende Formel für die Berechnung der Gesamtkosten:
>
> $$Gko_{I\text{-}Out} = Apk + Amk + M_B * Pnk * AZ + M_{B\text{-}\emptyset} * Pnk * gAZ$$

Wird die interne Outplacementmaßnahme für Gruppen durchgeführt, teilen sich die Gesamtkosten auf die Anzahl der Teilnehmer auf.

Imagewirkung

Wird für ein externes Outplacement ein renommiertes Unternehmen beauftragt, so ist mit einem positiven Einfluss auf das Image des beauftragenden Unternehmens zu rechnen, weil der Eindruck entsteht, einiges für die berufliche Neuorientierung der vom Personalabbau betroffenen Mitarbeiter zu tun. Das wirkt sich auch vorteilhaft auf das externe wie das interne Personalmarketing aus.

Auch die Durchführung des Outplacements als interner Maßnahme kann sich positiv auf das Unternehmensimage auswirken, denn es wird damit signalisiert, dass sich das Unternehmen der Verantwortung für die gekündigten Mitarbeiter stellt und diese nicht einfach abschiebt. Nach innen wie nach außen wird der Eindruck gefördert, ein professionelles Personalmanagement zu betreiben.

Unterschiede hinsichtlich der Kompetenz der Berater

Externe Berater, die über Outplacementunternehmen gewonnen werden, haben den großen Vorteil, dass sie häufig auf die Tätigkeit spezialisiert sind. Auch kennen sie aufgrund ihrer Tätigkeit verschiedene Unternehmen und haben einen breiteren Überblick über den Arbeitsmarkt als das bei internen Beratern gegeben sein dürfte. Allerdings werden die Vertragsverhandlungen nicht immer mit den späteren Beratern geführt, so dass das beauftragende Unternehmen diese im Zweifel gar nicht kennt. Außerdem ergab die in Kapitel 3.2.4 dargestellte Studie, dass nur gut die Hälfte der Unternehmen Outplacement als Hauptunternehmenszweck sieht. Sie bieten daneben andere Personaldienstleistungen an, in denen ihre Berater tätig sind. Weiterhin arbeiten viele Unternehmen mit selbständigen anstatt angestellten Beratern zusammen, deren Tätigkeit in der übrigen Zeit vermutlich nicht auf Outplacementberatung beschränkt ist.

Spezialisten mit gutem Marktüberblick

Für interne Berater spricht, zumindest wenn sie im Bereich der Personalentwicklung aktiv tätig sind, dass sie viel Erfahrung in Trainings-, Beratungs- und Coachingprozessen aufweisen und häufig über eine entsprechende Ausbildung verfügen. Sofern sie berufserfahren sind, haben sie oft auch andere Tätigkeiten des Personalmanagements wie Personalmarketing und -auswahl kennengelernt. Das kann natürlich auch für Externe zutref-

71

fen. Die Führungserfahrung interner Berater ist zumeist begrenzt. Im Vergleich zu externen Beratern kennen sie den Markt allgemein weniger gut, hingegen weisen sie spezifischere Kenntnisse der Branche und der Jobs auf, aus denen die gekündigten Mitarbeiter stammen. Vorteilhaft bei internen Beratern ist ihre Kenntnis der Mitarbeiter. Sie sind mit ihren fachlichen und persönlichen Kompetenzen vertraut und haben so gute Ansatzpunkte für die Unterstützung bei der beruflichen Neuorientierung.

Unterschiede hinsichtlich Verfügbarkeit

Externe Berater können typischerweise zum benötigten Zeitpunkt in ausreichender Zahl bereitgestellt werden, so dass der Gesamtberatungsbedarf des beauftragenden Unternehmens gut gedeckt werden kann. Etwas anders sieht es bei der Verfügbarkeit der Berater für den einzelnen Klienten aus. Der Tagesablauf externer Outplacementberater ist sehr eng getaktet und gibt enge terminliche Grenzen für die Beratung der Klienten vor (Heizmann, 2003), verbunden mit der hohen Anforderung an die Berater, sich rasch auf unterschiedliche Klienten einzustellen. Diese eingeschränkte Verfügbarkeit kann von Vorteil sein, um die Selbständigkeit der Klienten zu fördern. Durch eine entsprechende vertragliche Gestaltung kann dieser Zeitdruck natürlich reduziert werden, das führt im Gegenzug aber zu höheren Kosten.

Bezüglich interner Berater bietet die Verfügbarkeit häufig ein umgekehrtes Bild. Das personalabbauende Unternehmen benötigt eine personell gut ausgestattete Personal- bzw. Personalentwicklungsabteilung, um die geforderte Kapazität bereitzustellen. In Zeiten von intensivem Personalabbau konzentrieren sich Führungskräfte häufig auf diese Aufgabe und halten sich mit Personalentwicklungsmaßnahmen für die Verbleibenden zurück. Daher geht der Personalabbau unter Umständen mit freien Kapazitäten der Personalentwickler einher. Ist das der Fall, haben interne Berater den Vorteil, dass sie ihre Zeit für Outplacementberatung nutzen und aufgrund der kurzen Wege und des weniger engen Terminkalenders besser auf spontane Beratungsbedürfnisse eingehen können. Sind die internen Personalentwickler hingegen ausgelastet bzw. verzichten für die Outplacementberatung auf die Bearbeitung anderer Aufgaben, muss das bei der Ermittlung der Kosten und bei der Entscheidung für bzw. gegen eine interne Beratung berücksichtigt werden. Ist das nicht der Fall, besteht die Gefahr, dass die Outplacementmaßnahmen oberflächlich durchgeführt werden und sich auf die Durchsicht von Bewerbungsunterlagen beschränken.

Unterschiede hinsichtlich der Akzeptanz der Berater

Externe Berater werden als Spezialisten auf ihrem Gebiet angesehen, was ihnen per se ein gewisses Vertrauen von Seiten der Klienten sichert. Ihr berufliches Profil ist für die Klienten auch weniger transparent als das interner

Berater, so dass im Zweifel vermutlich positive Annahmen über Qualifikation und Erfahrung getroffen werden. Für externe Berater spricht, dass sie bislang keine Beziehung zum Klienten haben und ihm neutral gegenübertreten. Aufgrund ihrer stärkeren Beschäftigung mit unterschiedlichen Klienten, zu denen sie jeweils eine ganz neue Beziehung aufbauen müssen, kann es gleichwohl eine Weile dauern, bis ein Vertrauensverhältnis entsteht.

(Un)Voreingenommenheit ist förderlich

Sind die internen Berater identisch mit jenen Mitgliedern der Personalabteilung, die den Gekündigten die Trennungsbotschaft übermittelt haben, so wirkt sich das negativ auf ihre Akzeptanz aus. Wenn man sich für eine interne Maßnahme entscheidet, sollte demnach darauf geachtet werden, die Berater für die berufliche Neuorientierung aus dem Trennungsprozess herauszuhalten. Durch eine interne Beratung kann eine hohe Verbundenheit zum gekündigten Mitarbeiter signalisiert werden, der sich in der Konsequenz nicht vom Unternehmen im Stich gelassen und in die private Isolation geschickt fühlt. Je nach Größe des Unternehmens kennen interne Berater und Klienten sich möglicherweise bereits sehr gut. Das kann Vor- und Nachteile haben. Im Fall einer bisher positiven Beziehung kann schnell eine zielorientierte Arbeitshaltung aufgebaut werden, und die Zusammenarbeit ist von Vertrauen und Offenheit geprägt. Da die internen Berater bisherige Kollegen sind, werden die Betroffenen aufgrund der emotionalen Beziehung mit großem Engagement von deren Seiten rechnen. Außerdem steht für interne Berater ihr Ruf bei den Verbleibenden auf dem Spiel. Gab es in der Vergangenheit weniger erfreuliche Erfahrungen miteinander, so wirkt sich diese Vorgeschichte vermutlich ungünstig auf den Beratungsprozess aus. Auch kann beim Einsatz interner Berater bei den Klienten ein Zweifel an der Vertraulichkeit der Gespräche aufkommen. Haben diese allerdings Erfahrung mit Coachingprozessen oder anderen Personalentwicklungsmaßnahmen, deren Erfolg von der Vertraulichkeit abhängt, sollte dieser Punkt keine Rolle spielen. Beim Outplacement von Führungskräften können Akzeptanzprobleme auftreten, wenn die internen Berater einer niedrigeren Hierarchieebene angehören als der Klient.

Fazit

Aufgrund der oben dargestellten Argumente kann keine verallgemeinernde Aussage getroffen werden, ob Outplacements eher intern oder extern realisiert werden sollten. Die einzelnen Aspekte müssen im konkreten Fall gegeneinander abgewogen werden. Aus meiner Sicht das stärkste Argument für eine externe Beratung liegt darin, dass die räumliche und personelle Trennung vom bisherigen Unternehmen eine berufliche Neuorientierung am effektivsten fördert und dadurch einen wesentlichen Beitrag zum Erfolg der Maßnahme leistet.

3.4   Zusammenarbeit mit der Arbeitnehmervertretung

Rechtliche Grundlagen und Vorgehen

Das Betriebsverfassungsgesetz räumt der Arbeitnehmervertretung bestimmte Rechte im Zusammenhang mit Personalabbaumaßnahmen ein.

Betriebsrat früh einbeziehen

Auch unabhängig davon ist eine möglichst frühzeitige Einbeziehung des Betriebsrates bedeutsam für dessen aktive Unterstützung des Trennungsprozesses (Rausch, 2004). Entscheidet sich die Unternehmensleitung für eine Betriebsveränderung nach § 111 und § 112 BetrVG oder einen Betriebsübergang laut § 613a BGB, so hat nach §§ 92, 106, 111 und 112 BetrVG die Unterrichtung des Betriebsrates und des Wirtschaftsausschusses sowie des Sprecherausschusses der leitenden Angestellten nach § 32 Sprecherausschussgesetz zu erfolgen (Andrzejewski, 2008). Als nächstes sollte der Arbeitgeber ggf. die Zuständigkeit für die Verhandlung innerhalb der Arbeitnehmervertretung klären. Obgleich das BetrVG nach § 50 Abs. 1 von einer Zuständigkeit der lokalen Betriebsräte ausgeht, kann sich die Arbeitnehmervertretung auf die Zuständigkeit des Gesamtbetriebsrats für die Verhandlung des Interessenausgleichs einigen (§ 50 Abs. 2; Meyer, 2007). Arbeitgeber- und Arbeitnehmervertretung suchen nach § 112, 113 BetrVG, § 323 Umwandlungsgesetz und § 122 Insolvenzgesetz einen Interessenausgleich. Anschließend wird entweder ein Transfersozialplan (§§ 254 ff SGB III mit Antrag auf Zuschüsse bei der regionalen Arbeitsagentur) oder ein Abfindungssozialplan (§§ 5, 13, 112, 112a BetrVG, § 126 UmwG) ausgehandelt. Finden Arbeitgeber- und Arbeitnehmervertretung gemeinsam keine Lösung, wird die Einigungsstelle eingeschaltet.

Abfindungs- versus Transfersozialplan

Welche der beiden Alternativen die günstigere ist, muss jeweils geprüft werden. Ein Abfindungssozialplan ist dann zu bevorzugen, wenn die Arbeitnehmer bereits über eine Anschlussbeschäftigung verfügen oder einen Ausstieg aus der Erwerbstätigkeit (z. B. aufgrund der Aufnahme eines Studiums oder Verrentung) anstreben. Faller und Hermann (2003) vertreten die Ansicht, ein Abfindungssozialplan sei auch vorteilhafter, wenn es darum geht, Existenzgründungen zu fördern. Allerdings setzt dies eine bereits sehr fortgeschrittene Planung der Gründungsvorhaben voraus, so dass lediglich noch das Kapital für die Umsetzung benötigt wird. Geht es darum, die Voraussetzung für eine Gründung zu prüfen und zu schaffen, kann ein Transfersozialplan, der entsprechende Informationen und Qualifizierungsmaßnahmen vorsieht, günstiger sein. Der Transfersozialplan ist immer dann zu empfehlen, wenn Transfer- bzw. Qualifizierungsmaßnahmen die Wahrscheinlichkeit für eine anschließende Erwerbstätigkeit erhöhen. Nach gemeinsamer Entwicklung des Maßnahmenkonzepts und der Kommunika-

74

tionsstrategie wird ggf. eine Betriebsvereinbarung über Transfer- und Qualifizierungsmaßnahmen geschlossen.

Sichtweise von Betriebsräten

In einer Studie von Nicolai (2007) wurden 120 Betriebsräte telefonisch nach ihrer Einstellung zu Transfermaßnahmen befragt. Die teilnehmenden Betriebsräte stammten überwiegend aus mittelständischen Industriebetrieben des gesamten Bundesgebiets. Viele waren Betriebsrats- oder Gesamtbetriebsratsvorsitzende und übten diese Funktion bereits seit mehr als zehn Jahren aus. Ein erstaunliches Ergebnis war, dass die Betriebsräte insgesamt relativ wenig Wissen über die Möglichkeiten der Transferagentur und der Transfergesellschaft hatten. Sie zeigten aber auch kaum Interesse daran, sich generell über diese Thematik zu informieren, um dadurch nicht gegenüber dem Arbeitgeber ein grundsätzliches Einverständnis mit Personalabbau zu signalisieren. Ein Viertel hatte Erfahrung mit Transfermaßnahmen, noch mehr allerdings mit Personalabbaumaßnahmen ohne Einsatz dieses Instruments. Gleichzeitig sahen sie sich als vorrangige Initiatoren von Transfermaßnahmen gegenüber der Geschäftsleitung. Wenn es zur Durchführung von Transfermaßnahmen kam, dann überwiegend in Form der Transfergesellschaft. Das ist auch die Form, die im Vergleich zur Transferagentur oder der Kombination beider Maßnahmen von den befragten Betriebsräten bevorzugt wurde. Wichtigstes Erfolgsmerkmal ist aus ihrer Sicht die Vermittlungsquote. Mehr als die Hälfte der Befragten wünscht sich, dass die Transfermaßnahmen zusätzlich zur Abfindung angeboten werden, und knapp die Hälfte meint, sie sollten nur Anwendung finden, wenn Fördermittel durch die Arbeitsagentur gewährt werden. Den größten Nutzen sehen die Betriebsräte in der professionellen Unterstützung bei der beruflichen Neuorientierung, gefolgt von Zeitgewinn bei der Jobsuche und der Beseitigung von Qualifikationsmängeln.

Betriebsräte bevorzugen Transfergesellschaften

Interview der Autorin mit Edith Abram, der stellvertretenden Betriebsratsvorsitzenden der Infraserv GmbH & Co. Höchst KG

Was halten Sie von einer Transfergesellschaft als Instrument zur Unterstützung von Personalabbau?

Wenn Personalabbau nicht mehr verhindert werden kann, finde ich eine Transfergesellschaft vorteilhaft. Der Übergang in einen neuen Job wird erleichtert und es ist gut, wenn die Betroffenen auf Gleichgesinnte treffen und sich auch gegenseitig unterstützen können. Allerdings müssen die Rahmenbedingungen stimmen. Das heißt, es muss eine gute Abfindung geben, eine angemessene Aufstockung auf das Kurzarbeitergeld, das den Beschäftigten einer Transfergesellschaft zusteht, und eine Sprinterprämie für das frühzeitige Verlassen der Transfergesellschaft. Außer-

dem ist es günstig, wenn die Personalreduzierung über ein Freiwilligen-
programm läuft, das heißt, wenn nur die Personenzahl festgelegt wird,
die abgebaut werden muss, aber nicht konkret, welche Personen. Das
erleichtert die Umsetzung sehr.

**Worauf sollte bei der Wahl einer Transfergesellschaft geachtet wer-
den?**

Der Arbeitgeber sollte eine Transfergesellschaft wählen, deren Träger
vom Betriebsrat akzeptiert werden kann.

**Welcher Zeitrahmen muss für die Einrichtung einer Transfergesell-
schaft eingeplant werden?**

Wenn es das erste Mal ist, sollte man von der Bildung des Kernteams bis
zur Umsetzung des Sozialplans auf jeden Fall 4 bis 6 Monate veranschlagen. Außerdem ist es sinnvoll, dass neben den Vertretern der Personalabteilung und des Betriebsrats auch die Transfergesellschaft und die Gewerkschaft gemeinsam an der Konzeptentwicklung arbeiten.

**Das Budget für Personalabbaumaßnahmen ist nicht unbegrenzt.
Was halten Sie für wichtiger: eine höhere Abfindung bei geringerer
Aufstockung oder umgekehrt?**

Meines Erachtens ist eine höhere Abfindung wichtiger, weil nicht alle
Mitarbeiter in die Transfergesellschaft gehen und die Aufstockung in Anspruch nehmen.

Was wünschen Sie sich als Betriebsrätin vom Arbeitgeber?

Der Arbeitgeber muss den Betriebsrat frühzeitig einbeziehen und die
Pläne offen ansprechen. Dann kann der Betriebsrat einen notwendigen
Personalabbau positiv begleiten. Es ist außerdem wichtig, dass korrekt
kommuniziert wird.

**Sollte die Unterstützung bei der beruflichen Neuorientierung eher
intern oder extern stattfinden?**

Ich finde es günstiger, wenn die Trainingsmaßnahmen und andere Aktivitäten außerhalb stattfinden, damit die Mitarbeiter sich vom Unternehmen lösen. Daher bevorzuge ich ein externes Outplacement. Außerdem
gibt es dann keine Vorbehalte gegenüber einzelnen Mitarbeitern.

3.5   Vorbereitung der Trennung

Personalabbau ist schon lange nicht mehr auf Unternehmen in der Krise
beschränkt, sondern wird als Mittel gesehen, um die Profitabilität auch in

wirtschaftlich guten Zeiten zu steigern. Die finanziellen Ziele der Personalreduktion werden allerdings oft nicht erreicht (vgl. Andrzejewski, 2008). Ein Grund dafür sind Mängel in der Professionalität des Trennungsmanagements.

So können unerwünschte Folgen unprofessioneller Trennungen erhöhte Aufwendungen für Rechtsstreitigkeiten, Produktivitätsrückgang aufgrund von Unruhe bei den Verbleibenden und Abwanderung von Leistungsträgern aufgrund des so verursachten schlechten Images und Betriebsklimas sein. Von einem fairen Trennungsmanagement hängt wiederum der Erfolg von Outplacementmaßnahmen ab, da bei Misstrauen gegenüber dem entlassenden Unternehmen von dieser Seite angebotene Unterstützungsmaßnahmen abgelehnt werden und eine rechtliche Auseinandersetzung bevorzugt wird.

Professionelles Trennungsmanagement ist eine Bedingung für den Erfolg von Outplacement

Da die Vorbereitung der Trennung nicht direkt das Thema dieses Buches ist, sondern dem Outplacement vorausgeht, wird hier nur ein Überblick der beachtenswerten Aspekte gegeben. Andrzejewski (2008) bietet eine umfassende und praxisnahe Darstellung eines professionellen Kündigungsmanagements inklusive Trennungsgespräch. Unternehmen, die bislang keine Erfahrung mit Personalabbau haben, sollten möglichst frühzeitig Trennungsexperten einbeziehen, die sie hinsichtlich der Planung und Organisation dieses Projekts, aber auch bezüglich der inhaltlichen Gestaltung beraten. Für eine enge Abstimmung und eine einheitliche Kommunikation ist es empfehlenswert, ein Gremium bestehend aus Vertretern von Personalabteilung, Geschäftsleitung, Betriebsrat und ggf. externen Bera-

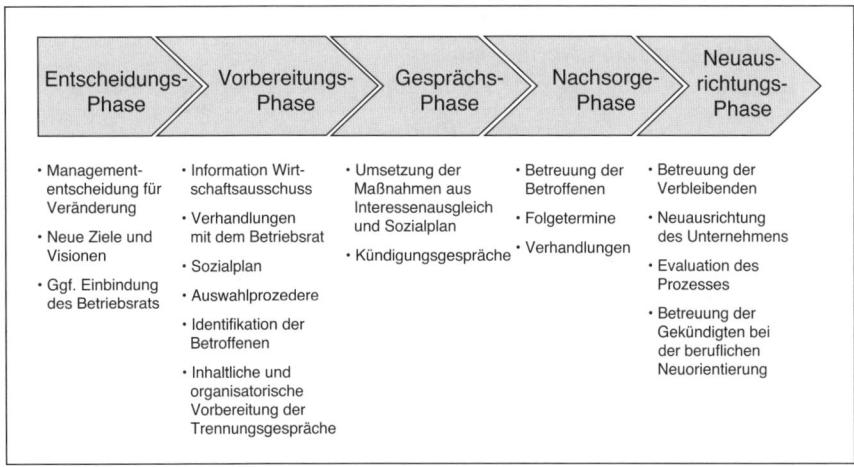

Abbildung 9:
Phasen der Trennung und Neuausrichtung des Unternehmens aus organisatorischer Sicht
(nach Andrzejewski, 2008, S. 97f.)

tern einzusetzen, das das gesamte Projekt begleitet. Andrzejewski beschreibt den vielschichtigen Prozess der Trennung und Neuausrichtung der Organisation in fünf Phasen. Im Phasenmodell in Abbildung 9 sind die wichtigsten Themen genannt, die in der jeweiligen Phase bearbeitet werden müssen.

Die Kündigungsgespräche sind der dritten Phase zugeordnet. Sie werden geführt, nachdem die Neuausrichtung des Unternehmens geplant und der Personalabbau mit der Arbeitnehmervertretung ausgehandelt wurde und die Trennungskonditionen für die betroffenen Personen feststehen. Beim Kündigungsgespräch handelt es sich um eine der schwierigsten Situationen für Führungskräfte (Andrzejewski, 2002). Deshalb müssen sowohl die Gespräche von Seiten des Personalmanagements (siehe Kasten) als auch die Führungskräfte auf die Gesprächsführung optimal vorbereitet werden (vgl. auch Schrader & Küntzel, 1995).

Präzise Vorbereitung durch das Human Resources Management

Checkliste zur Vorbereitung der Kündigungsgespräche durch das Personalmanagement (nach Andrzejewski, 2008, S. 202ff.)

Inhalte des Aufhebungsangebots

– Mögliche alternative Arbeitsplätze im Unternehmen
– Angebot aus dem Abfindungssozialplan oder einem Transfersozialplan (lt. §§ 254 ff. SGB III)
– Klärung der Förderungswürdigkeit durch die Arbeitsagentur (Transferkurzarbeitergeld)
– Beantragung der Zuschüsse zu Sozialplanmaßnahmen bei der Arbeitsagentur
– Kündigungstermin
– Einhaltung der Kündigungsfrist, um Sperrzeiten für die Zahlung von Arbeitslosengeld zu vermeiden
– Hinderungsgründe für eine Kündigung prüfen bzw. ausschließen

Wirtschaftliche Aspekte

– Abfindungshöhe und -auszahlungsmodus
– Steuerliche Aspekte der Abfindung und Freibeträge nach Steuerentlastungsgesetz sowie Möglichkeiten der Optimierung
– Sonderzahlung (Boni, Tantieme) mit Höhe und Auszahlungsmodus
– Weitere Zuwendungen (z. B. Darlehen)
– Sozialleistungen
– Pensionsansprüche

Organisatorische Aspekte

– Unverfallbare sonstige Ansprüche
– Kfz-Regelung bzw. Bereitstellung des Fahrzeugs bis Vertragsende, Übernahme der Kosten bzw. Übernahme des Fahrzeugs

- Erklärung bzgl. des Wegfalls des Arbeitsplatzes formulieren im Hinblick auf Arbeitslosengeld, Ruhenstatbestand, Sperrfristen
- Wettbewerbsverbot klären

Termine und Fristen

- Restlaufzeit des Arbeitsvertrags (Kündigungsfrist) prüfen
- Fristen, Bedenkzeiten einplanen
- Anstehende Termine (innen und außen) planen
- Freistellungstermin festlegen
- Resturlaub klären
- Auszahlung der Restgehälter bei Erwerb eines neuen Arbeitsplatzes vor Vertragsende
- Angebot einer Outplacementberatung mit Regelung zeitlicher Flexibilität

Unterlagen

- Interne Trennungsbegründung
- Sprachregelung für die Trennung nach innen und außen
- Zwischenzeugnis, Zeugnis
- Referenzgeber im Unternehmen

Outplacementberatung

- Angebot einer Outplacementberatung und/oder Übernahme in eine Beschäftigungsgesellschaft
- Information zu Inhalten und Vorgehensweisen sowie Erfolgschancen
- Termin mit persönlichem Berater
- (Förderungswürdige) Qualifizierungsmaßnahmen, Fortbildungsmöglichkeiten und Umschulungsangebote
- Unterstützung durch Netzwerk im Unternehmen

Die Checkliste in Tabelle 7 nennt die wichtigsten Punkte zur Vorbereitung der Führungskräfte auf die Kündigungsgespräche. Es ist sinnvoll, dass die Personalentwicklungsabteilung einen Workshop für die Führungskräfte auf der Grundlage dieser Checkliste konzipiert oder externe Trennungsspezialisten für diese Aufgabe engagiert. Zweckmäßig ist außerdem, dass ein Arbeitsrechtler bei diesem Workshop anwesend ist, da die Führungskräfte erfahrungsgemäß im juristischen Bereich den größten Klärungsbedarf haben. Obgleich die psychologische Seite der Gesprächsführung in solchen Veranstaltungen häufig von den Führungskräften als unproblematisch und gut beherrscht empfunden wird, zeigt die Praxis, dass viele Trennungsgespräche durch einen Mangel an Empathie für die Betroffenen geführt werden und so eine stärkere Kränkung bewirken als notwendig wäre. Daher empfiehlt es sich, Zeit auf die Klärung des Vor-

Trennungsgespräche sind belastend, werden dennoch oft zu leicht genommen

Tabelle 7:

Checkliste zur Vorbereitung des Trennungsgesprächs für Führungskräfte
(verändert nach Andrzejewski, 2008, S. 156ff.)

Leitfragen	Empfehlungen
Was wird angesprochen?	– Trennungsentscheidung und -begründung – Vertragliche Einzelheiten – Trennungskonditionen – Wertschätzung für die Person und weiteres Vorgehen bzgl. der Tätigkeit – Sprachregelung für die Trennung (falls bereits sinnvoll) – Termine und nächste Schritte für die gekündigte Person
Was ist für die Gesprächsführung zu beachten?	– Gut vorbereitet – Klar und deutlich – Offen und wahrhaftig – Gesprächseröffnung: kein Small Talk – Gut argumentieren und Einwände antizipieren – Umgang mit verschiedenartigen Reaktionen vorbereiten
Wer führt das Gespräch?	– Der (bisherige) Vorgesetzte unter vier Augen mit Ankündigung eines weiteren Gesprächs
Wann findet das Gespräch statt?	– Mit kurzfristiger Ankündigung (½–2 Tage), tagsüber, nicht freitags, so früh wie möglich nach der Entscheidung – Nach guter Vorbereitung der Informationspolitik und der Trennungskonditionen – Wenn Folgetermine angeboten werden können
Wo findet das Gespräch statt?	– Im Büro des Vorgesetzten am runden Tisch ohne Einblick für andere – Getränke bereitstellen (und Taschentücher, weil damit zu rechnen ist, dass Betroffene in Tränen ausbrechen)
Wie lange dauert es?	– Trennungsnachricht in den ersten fünf Sätzen aussprechen – Gesprächsdauer: zwischen 10 und 20 Minuten – Folgetermin vereinbaren – Zum Auffanggespräch mit Outplacementberatern überleiten – Zwischen Gesprächsterminen eigene Erholungszeit einplanen

gehens bei unterschiedlichen Reaktionen und die Diskussion hilfreicher Formulierungen zu verwenden, um die Sicherheit und Professionalität in der Gesprächsführung zu erhöhen. Ein gut geführtes Trennungsgespräch hat bedeutenden Einfluss auf die Annahme von Outplacementangeboten.

4 Vorgehen

In diesem Kapitel wird der idealtypische Beratungsprozess zunächst im Überblick dargestellt. Anschließend werden die einzelnen Beratungsstufen mit ihren jeweiligen Zielen und Aufgaben erklärt. Die Beschreibung erfolgt so detailliert, dass sie als Grundlage für die Entwicklung von Outplacementprogrammen für Einzelpersonen und Gruppen genutzt werden kann.

4.1 Der Outplacementprozess im Überblick

Die meisten Autoren konzipieren den Outplacementprozess als Phasen-oder Stufenmodell. Einige beziehen auch die Zeit vor der Entlassung der Betroffenen ein, in der es darum geht, die Geschäftsleitung, die Mitglieder der Personalabteilung und die betroffenen Führungskräfte bzgl. der Auswahl der Mitarbeiter, der Trennungskonditionen und der Kommunikationsstrategie zu beraten (z. B. bei Heizmann, 2003, als Phase 0 bezeichnet; Mayrhofer, 1989; Miller & Robinson, 2004). Der Beginn des Outplacementprozesses könnte noch viel früher angesetzt werden, wenn man bedenkt, dass eine vertrauensvolle und vertraute Beziehung zu Mitarbeitern wesentlichen Einfluss darauf hat, ob sie ein Trennungsangebot als fair wahrnehmen und akzeptieren. In Übereinstimmung mit der Definition von Outplacement in Kapitel 1 wird in diesem Buch diese Zeit nicht als zum Outplacementprozess zugehörig betrachtet, weil es dabei nicht um die Beratung und Unterstützung der vom Arbeitsplatzverlust betroffenen Personen geht. Wird ausschließlich die Zeit der Beratung und Betreuung des betroffenen Mitarbeiters bzw. Outplacementklienten betrachtet, ergibt sich ein drei- bis fünfstufiger Prozess. Weiterhin unterscheiden sich die Autoren darin, ob und wie sie die Stufen bzw. Phasen benennen sowie im Umfang der Maßnahmen, die zur jeweiligen Phase gehören. Bei aller Unterschiedlichkeit lässt sich jedoch bei näherer Betrachtung ein hoher Deckungsgrad bzgl. der Inhalte und deren Abfolge feststellen.

In Übereinstimmung mit den in Kapitel 2 dargestellten Modellen sowie den Befunden aus der Outplacementforschung lässt sich das in Abbildung 10 dargestellte fünfstufige Modell für die Outplacementberatung ableiten.

Outplacement-beratung in fünf Stufen

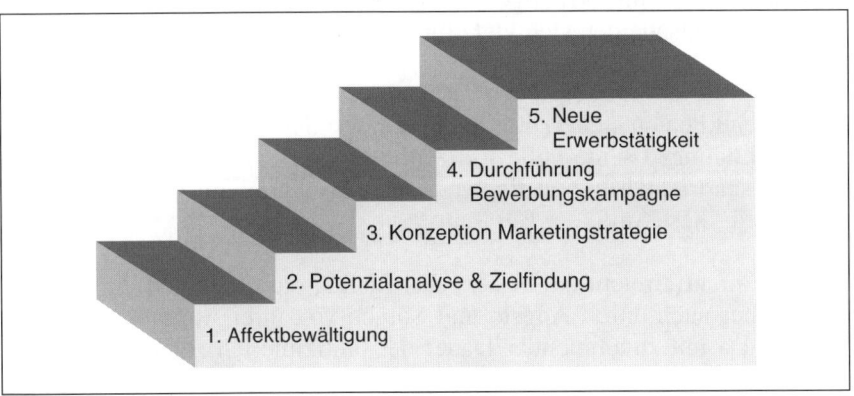

Abbildung 10:
Stufenmodell der Outplacementberatung

Die Stufen folgen im Wesentlichen aufeinander. Aus ihrer nachfolgenden Beschreibung mit Zielen, Aufgaben und Formen der Beratung wird allerdings ersichtlich werden, dass die einzelnen Schritte nicht streng nacheinander ablaufen, sondern zum Teil parallel und in Schleifen. Die konkrete Abfolge ergibt sich aus den Bedürfnissen der Klienten und den Möglichkeiten der Informationssuche und der Kontaktaufnahme mit potenziellen Arbeitgebern. Die Aufgaben, die in mehreren Stufen eine Rolle spielen (z. B. Aufbau und Nutzung des Kontaktnetzes) werden jeweils in der Stufe beschrieben, in der ihr Schwerpunkt liegt. Die Bearbeitungsschritte sind im Einzel- und im Gruppenoutplacement gleichermaßen einsetzbar. Unterscheiden wird sich die Intensität, mit der die Bearbeitung und die Betreuung durch Berater erfolgen. Durch geeignete Arbeitsformen, wie starker Einsatz von Peergruppenübungen anhand von Leitfragen und gegenseitiges Feedback, sind viele Bestandteile auch im Gruppenoutplacement effektiv zu realisieren. Zudem fördern sie in dieser Form die soziale Kompetenz der Beteiligten.

Bearbeitungsschritte sind für Einzel- und Gruppenoutplacement geeignet

4.2 Stufe 1: Affektbewältigung

„Auffanggespräch"

Die Beratung beginnt mit dem unverbindlichen „Auffanggespräch". Es findet unmittelbar nach Übermittlung der Trennungsnachricht statt, möglichst noch bevor die betroffene Person mit anderen Kontakt aufgenommen hat. In diesem Gespräch geht es darum, die negativen Gefühle, die mit der Nachricht verbunden sind, abzufedern, eine Stabilisierung der emotionalen Lage zu bewirken und eine erste Zukunftsperspektive aufzuzeigen. Das wird erreicht, indem das Outplacementangebot unverbindlich vorgestellt und einige Hinweise zu etwaigen Gesprächen mit Steuerberatern oder Rechtsanwälten gegeben werden. Es geht darum, den Betroffenen eine realistische Einschätzung ihrer Lage zu ermöglichen und eine Eskalation, die für Arbeitnehmer und Arbeitgeber ungünstig ist, zu vermeiden. Nach einer Bedenkzeit entscheiden sich viele für eine Beratung.

Zukunftsausrichtung ist zentral

> Die Ziele dieser Stufe bestehen darin, eine gute Arbeitsfähigkeit des Outplacementklienten sicherzustellen und durch Schaffung geeigneter Rahmenbedingungen seine volle Konzentration auf die Aufgabe der beruflichen Neuorientierung zu richten. Die Ausrichtung auf die Zukunft ist zentral für diese Stufe der Beratung.

Wird sie nicht erreicht, so besteht das Risiko, dass Klienten durch ihren Ärger, aber auch durch Ängste und Sorgen von ihrer Aufgabe abgelenkt werden. Da mit zunehmender Dauer der (antizipierten) Erwerbslosigkeit ein schlechterer physischer und psychischer Zustand einhergeht, ist es wichtig, diese Stufe effektiv zu bearbeiten und so die Dauer bis zur Aufnahme einer neuen geeigneten Erwerbstätigkeit möglichst kurz zu halten.

Stufe 1: Affektbewältigung	
Ziele	Aufgaben
– Arbeitsfähigkeit sicherstellen – Zukunftsorientierung erreichen, d. h. Konzentration auf die Aufgabe der beruflichen Neuorientierung lenken – Unterstützung gewährleisten	– Beratungsbeziehung aufbauen – Verarbeitung der Trauer – Sprachregelung für die Trennung finden – Abschied nehmen von bisherigen Kollegen und Geschäftspartnern – Struktur geben für die berufliche Neuorientierung – Finanzielle Rahmenbedingungen der Klienten klären – Familie einbeziehen

Beratungsbeziehung aufbauen

In dieser Stufe stehen Methoden der systemischen Beratung im Vordergrund. Es ist entscheidend, eine vertrauensvolle Beziehung zwischen Klienten und Beratern aufzubauen, die den Klienten die notwendige emotionale Unterstützung gibt und es ihnen ermöglicht, ihre Gefühle offen zu äußern. Außerdem brauchen die Klienten Klarheit über Rahmenbedingungen (z. B. Vertraulichkeit und Datenschutz, zeitliche Gestaltung) sowie Art und Inhalte der Zusammenarbeit. Wooten (1996) befragte Outplacementklienten und fand, dass die wahrgenommene Beziehung zum Berater maßgeblich mit der Zufriedenheit mit dem Outplacement zusammenhing. Nach Hellweg und Lamersdorf (2005) ist die „richtige Wellenlänge" von entscheidender Bedeutung für den Beratungserfolg.

Verarbeitung der Trauer

Die emotionale Bewältigung der Trennung und der damit einhergehenden Selbstzweifel und Verletzungen ist eine wesentliche Voraussetzung für eine erfolgreiche Jobsuche. So weist z. B. Heizmann (2003) darauf hin, dass die unbewältigte Trennungssituation Klienten über Monate hinweg davon abhalten kann, sich auf die Suche zu konzentrieren. Die Trauer hält die Klienten in einer vergangenheitsbezogenen Orientierung, in der sie sich als Opfer wahrnehmen und mit ihrem Schicksal hadern. Das Selbstwertgefühl nimmt in dieser Phase deutlich ab. Es ist hilfreich für die Klienten, wenn sie zunächst die negativen Gefühle äußern können, die durch die Zurückweisung entstehen. Viele Outplacementberater (z. B. von Rundstedt, 2006) nehmen in dieser Phase auf das Modell von Kübler-Ross (2001, siehe S. 18) Bezug, um den Klienten deutlich zu machen, dass ihre Trauer, die

Bewältigte Trennung ist eine Voraussetzung für Zukunftsorientierung

durch einen Wechsel verschiedener Gefühlsqualitäten gekennzeichnet ist, nicht untypisch ist. Das kann für Klienten sehr entlastend sein.

Gründe für die Trennung
Außerdem ist es nützlich, möglichst gut zu klären, was die wahren Gründe für die Trennung sind, damit die Klienten ggf. eigene Anteile daran erkennen können. Bei einer zukünftigen Beschäftigung kann zudem gezielt darauf geachtet werden, dass nicht dieselben Schwierigkeiten erneut auftreten. Miller und Robinson (2004) sprechen davon, dass es sogar gelingen kann, zu einer Redefinition der Trennung zu kommen, indem die Aufmerksamkeit auf positive Aspekte gelenkt wird. Denn in vielen Fällen gehen einer Trennung Unzufriedenheit mit der Tätigkeit, mehrere Versetzungen und/oder Kompetenzbeschneidungen voraus. So kann sich rückblickend sogar eine gewisse Erleichterung einstellen, dass die für den Klienten seit langem unbefriedigende Situation endlich gelöst wurde. Gelingt die Bewältigung der Trennung, so gewinnen die Klienten wieder die notwendige Laufbahnreife (Super, 1994), um sich mit der Aufgabe der beruflichen Neuorientierung angemessen zu beschäftigen. Die damit einhergehende positive Ausstrahlung und das Gefühl der Selbstwirksamkeit sind Voraussetzungen, um bei anderen erfolgreich für sich zu werben.

Sprachregelung finden

Jedes Gespräch kann der Zugang zu einem neuen Job sein
Da mit der Übermittlung der Trennungsnachricht die Phase der beruflichen Neuorientierung und Suche nach einer passenden Erwerbstätigkeit beginnt, ist es besonders wichtig, dass schnell eine gute Sprachregelung für den Grund der Trennung gefunden wird. Denn jeder Kontakt, den die Betroffenen von diesem Zeitpunkt an haben, kann einen Zugang zu einer neuen Erwerbstätigkeit bedeuten. Es darf daher keine Zeit und Gelegenheit verpasst werden, sich in positiver Weise als arbeitssuchend zu präsentieren. Die positive Darstellung ist besonders bedeutsam, denn es wird sich niemand für die Betroffenen interessieren oder gar einsetzen, wenn diese deprimiert wirken oder wenn Zweifel an ihrer Kompetenz aufkommen. Auch dürfen sich die Betroffenen nicht negativ über den bisherigen Arbeitgeber äußern und dadurch den Verdacht aufkommen lassen, ggf. auch gegenüber einem zukünftigen Arbeitgeber illoyal zu sein. An diese Sprachregelung sind deshalb verschiedene Anforderungen zu stellen.

Anforderungen an die Sprachregelung
Sie muss – gesichtswahrend für die betroffene Person sein – plausibel sein und auch hartnäckigem Nachfragen standhalten – das Image des Unternehmens schützen – kurz und positiv formuliert sein, um gut verständlich zu sein und beim Gegenüber keine Abwehrhaltung zu erzeugen

Am günstigsten ist es, die Sprachregelung frühzeitig mit den Verantwortlichen im Unternehmen abzustimmen, damit sichergestellt wird, dass alle einheitlich kommunizieren. Ist eine gute Formulierung gefunden worden, wird sie aufgeschrieben. Die Klienten sollten sie gut üben, um sie jederzeit parat zu haben und überzeugend zu wirken. Dazu ist es hilfreich, sie zunächst mit dem Outplacementberater zu besprechen, sie dann im Familien- und engen Freundeskreis auszuprobieren und so Sicherheit damit zu gewinnen.

Abschied nehmen

Die Form, in der sich Betroffene bei ihren engeren und entfernteren Kollegen sowie den übrigen Geschäftspartnern verabschieden, sollte ebenfalls nicht dem Zufall überlassen werden. Denn diese Personen werden mit dem Zeitpunkt der Trennungsnachricht Bestandteil des persönlichen Netzwerkes der Klienten, aus dem sich Ansätze für eine neue Erwerbstätigkeit ergeben können. Sobald eine angemessene Sprachregelung gefunden wurde, kann die Form der Verabschiedung geplant werden. Gibt es eine formale Verabschiedung wie z. B. eine Abschiedsfeier, auf der die betroffene Person persönliche Gespräche führt, kann sie die eigene bzw. abgestimmte Version der Trennung kommunizieren und den Anfangspunkt für spätere Kontakte setzen (Berg-Peer, 2003). Der offene Umgang mit der Trennungssituation nimmt auch den Kollegen und Geschäftspartnern die Scheu, mit den Betroffenen zukünftig in Kontakt zu treten. Das ist u. a. deshalb wichtig, weil einige der Personen ggf. noch als Referenzgeber in Frage kommen.

Nach dem Spiel ist vor dem Spiel

Struktur geben

Im Kapitel 2.1 wurde deutlich, dass die Erwerbstätigkeit für viele Menschen sehr wichtig ist, weil sie neben der Existenzsicherung auch die Funktionen erfüllt, Zeit zu strukturieren, mit anderen in Austausch zu treten, Abwechslung zu erleben und Anerkennung zu finden. Daraus ergibt sich als Anforderung an eine Outplacementberatung, dass sie dem Klienten eine einer regulären Arbeitstätigkeit möglichst ähnliche Situation bieten muss. Konkret heißt das, die Klienten sollten einen Arbeitsplatz haben, an dem sie die mit der beruflichen Neuorientierung zusammenhängenden Aufgaben erledigen können. Dieser Arbeitsplatz kann zu Hause sein. Um Ablenkungen zu vermeiden, ist es allerdings noch günstiger, wenn das Outplacementunternehmen Räume zur Verfügung stellt. Es ist sinnvoll, einen täglichen Arbeitsplan zu erstellen und eine ähnliche Zeitstruktur wie im vorherigen Job beizubehalten. Dieser Arbeitsplan sollte abwechslungsreich gestaltet sein, ein Arbeitspensum von sechs bis acht Stunden enthalten, aber auch noch Zeit für die Familie und für die Ausübung von Sport und Hobbys berücksichtigen. Außerdem sollten die Klienten die Gelegenheit haben, sich nicht nur mit ihren Outplacementberatern, sondern auch mit anderen Outplacementklienten auszutauschen. Das hat neben der rein

Der Job ist die Jobsuche

sozialen Funktion auch den Vorteil, dass die Klienten sich nicht in ihrem Schicksal isoliert fühlen und voneinander lernen können. Alle Komponenten sind wichtig, um den Klienten deutlich zu machen, dass die Arbeitssuche ihr aktueller Job ist, der mit der gleichen Intensität zu verfolgen ist wie andere Berufstätigkeiten. Die geschilderten Bedingungen tragen auch zum Schutz des Selbstwertgefühls und zur Stärkung der Selbstwirksamkeit der Klienten bei.

Finanzielle Rahmenbedingungen klären

Die Befunde der Studien zu Arbeitssuche und Outplacement haben gezeigt, dass die finanzielle Situation der Betroffenen Einfluss auf ihre Gesundheit, ihr Suchverhalten und den Erfolg bei der Suche nach einer neuen Erwerbstätigkeit ausübt. So fanden beispielsweise Leana und Feldman (1990), dass Personen, die durch den Arbeitsplatzverlust in finanzielle Schwierigkeiten gerieten, besonders starke negative Reaktionen (physisch und psychisch) zeigten. Rocha und Strand (2004) berichten von erhöhter Depression bei freigesetzten Textilarbeiterinnen, die finanzielle Probleme hatten. Blau (1994) konnte zeigen, dass finanzielle Bedürfnisse positiv mit

Transparenz ist wichtig

der Intensität der Jobsuche zusammenhängen. Daher müssen sich die Klienten Klarheit über ihre finanzielle Lage schaffen. Hierzu ist es sinnvoll, dass die Klienten eine detaillierte Aufstellung (ggf. anhand einer vorgegebenen Checkliste) aller Einkünfte und Ausgaben der kommenden Monate vornehmen. Auf diese Weise können sie abschätzen, ob und ggf. in welchen Bereichen in der nächsten Zeit eine Anpassung des Lebensstandards notwendig und möglich ist und wie stark der Druck ist, bald eine neue Tätigkeit aufzunehmen. Diese Aufstellung ist ebenfalls wichtig, um abzuschätzen, wie hoch das zukünftige Einkommen mindestens sein muss, um den aktuellen Verpflichtungen nachkommen zu können bzw. den gewünschten Lebensstandard sicherzustellen.

Familie einbeziehen

Zwei Gründe sprechen dafür, die Familie der Betroffenen möglichst frühzeitig durch gemeinsame Gespräche einzubeziehen. In solchen Gesprächen soll der Outplacementberater erklären, dass die Jobsuche erstens mehrere Monate dauern wird und viel Ausdauer erfordert und zweitens eine Vollzeitbeschäftigung ist. Dem jeweiligen Lebenspartner muss zum einen deutlich werden, dass die Outplacementklienten nicht „beschäftigungslos" sind. Denn bei der Familie kann leicht der Eindruck entstehen, die Person stünde vermehrt für Tätigkeiten in Haushalt und Familie zur Verfügung, da

Emotionale Unterstützung

sie nicht arbeiten muss. Außerdem ist der emotionale Rückhalt der Familie eine entscheidende Stütze für die Zeit der Suche nach einer neuen Erwerbstätigkeit. Es ist wichtig, dass die Familie Verständnis für die Gefühlslage der Betroffenen hat und sie während dieser Phase immer wieder ermuntert, auch bei Rückschlägen nicht aufzugeben. Gleichzeitig ist es belastend für die Klienten, wenn die Familie Druck ausübt und zu vermehrten Aktivitäten oder zur raschen Annahme eines Jobangebots drängt. In der Studie von Zikic und Klehe (2006) konnte gezeigt werden, dass emotionale soziale Unterstützung positiv mit der Qualität der zukünftigen Erwerbstätigkeit zusammenhing. Rocha und Strand (2004) fanden einen Zusammenhang zwischen der Zufriedenheit mit der Partnerbeziehung und dem Verhalten der Kinder einerseits und depressiven Symptomen andererseits bei den entlassenen Personen.

4.3 Stufe 2: Potenzialanalyse und Zielfindung

Der unfreiwillige Arbeitsplatzverlust bedeutet auch eine Chance für eine berufliche Neuorientierung. In dieser Stufe geht es darum, zu ermitteln, welche Ziele die Klienten für ihre zukünftige Erwerbstätigkeit verfolgen. Voraussetzungen für eine realistische Zielklärung sind, dass die Klienten ihr Selbstvertrauen wiederfinden, das durch die Trennung meist stark beeinträchtigt ist, und sich ihrer Kompetenzen und Möglichkeiten bewusst sind.

Das Gute im Schlechten – Chance auf etwas Neues

In dieser Stufe kommen sowohl Experten-Know-How als auch systemische Beratungskompetenz zum Tragen. In vielen Outplacementberatungen werden außer den permanenten Begleitern der Klienten zusätzliche Berater (meist Psychologen) für die Durchführung formaler Tests eingesetzt.

Stufe 2: Potenzialanalyse und Zielfindung	
Ziele	Aufgaben
– Gestärktes Selbstvertrauen – Bewusstheit von Interessen, Kompetenzen, Leistungen und Erfolgen – Eine realistische berufliche Zielsetzung	– Beschreibung der Ist-Situation und des Potenzials auf der Grundlage von • Selbstreflexionen • Fremdeinschätzungen • psychologischen Tests – Identifikation des Laufbahnstadiums – Marktanalyse – Entwicklung realistischer Zukunftsvorstellungen – Ggf. Kompetenzerwerb

Beschreibung der Ist-Situation und Abschätzung des Potenzials

- *Selbstreflexionen*

Da Klienten zu Beginn dieser Stufe in ihrem Selbstwertgefühl meist noch beeinträchtigt sind, ist es nicht sinnvoll, mit beruflichen Zielsetzungen zu beginnen, denn sie würden unterhalb der Möglichkeiten der Person angesetzt werden. Wichtiger ist es, dass sie sich zunächst ihrer Kompetenzen und Erfolge bewusst werden. Die Methoden zur Beschreibung der Stärken und Schwächen einer Person und ihrer Motivatoren und Demotivatoren sind sehr vielfältig und unterschiedlich formalisiert. Im Folgenden werden einige typische Möglichkeiten aufgezeigt, die alternativ oder in Kombination miteinander eingesetzt werden können.

In der systemischen Beratung wird zu Beginn immer die Aufmerksamkeit auf jene Aspekte gelegt, mit denen die Klienten zufrieden sind und die in einem Zukunftsszenario auf jeden Fall enthalten sein sollen. Dazu kann beispielsweise die bisherige Lebenslinie nachgezeichnet werden (Time Line), d. h. die Klienten identifizieren wichtige Ereignisse in ihrem Leben und machen sich so Stärken, Erfolge und zentrale Werte bewusst, Bedingungen, die sie motiviert haben, aber auch schwierige Situationen. Das kann anhand eines Formblatts geschehen (z. B. bei Berg-Peer, 2003), durch stärker bildhafte Verfahren wie das Aufmalen der Lebenslinie auf Flipchart oder durch das mit Leitfragen unterstützte Abschreiten einer Linie auf dem Boden, die an relevanten Punkten durch Symbole (z. B. Fotos, Erinnerungsgegenstände und Utensilien) oder beschriftete Moderationskarten ergänzt wird. Dieses Verfahren ist sehr hilfreich, um Muster und Wendepunkte im Verhalten der Klienten zu erkennen und Erfolge ins Bewusstsein zu rufen.

Erfolge und Ressourcen bewusst machen

Häufig sind den Klienten ihre Fähigkeiten und Leistungen sowie hilfreiche Rahmenbedingungen dafür nicht gegenwärtig. Wenn sie ihre berufliche Tätigkeit beschreiben sollen, fällt ihnen das oft schwer und sie tun es in eher allgemeiner Form, aus der ihre spezifischen Qualitäten nicht hervorgeht. Es ist daher sinnvoll, dass ihnen eine Struktur gegeben wird, anhand derer sie ihre Leistungen systematisch darstellen können. Unabhängig davon, wie diese Aufzeichnungen genannt werden (z. B. AHA bei Berg-Peer, 2003, und PAR bei Heizmann, 2003 und Nadig & Reemts Flum, 2008), stützen sie sich auf die Methode der kritischen Ereignisse (Flanagan, 1954) und gehen jeweils davon aus, dass drei Aspekte eine sinnvolle Grundlage der Beschreibung sind: die Aufgabe oder das Problem, die Handlung oder Aktion des Klienten und das Arbeitsergebnis oder Resultat des Handelns (s. Abb. 11). Die Klienten werden aufgefordert, entlang dieser Struktur detailliert ihre verschiedenen beruflichen Tätigkeiten zu beschreiben. Diese Aufzeichnungen werden mit den Beratern überarbeitet, damit die Verständlichkeit gewährleistet ist und die Kompetenzen möglichst gut herausge-

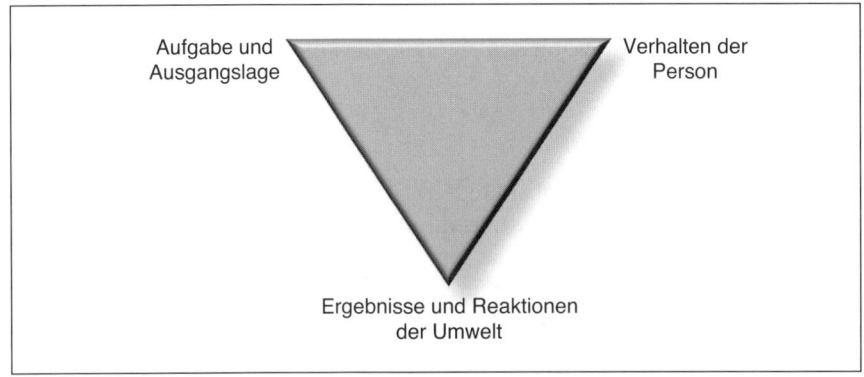

Abbildung 11:
Verhaltensdreieck zur Beschreibung beruflicher Erfolge

stellt und die motivierenden bzw. demotivierenden Bedingungen bewusst werden. Diese Darstellungen sind eine gute Basis für verschiedene Aspekte der Neuorientierung. So dienen sie direkt dazu, die Selbstwirksamkeit und das Selbstvertrauen der Klienten zu stärken. Aus den Beschreibungen gehen typische Verhaltensweisen, der Arbeits- und Interaktionsstil sowie Werthaltungen der handelnden Person hervor. Sie bieten auch die Grundlage, eigene Anteile an weniger gut verlaufenen Situationen zu erkennen. Obwohl die Einsicht eigener Fehler, Demotivatoren und Schwächen im ersten Moment unangenehm ist, hat sie doch den Vorteil, dass sie bei den Klienten den Eindruck erweckt, Situationen kontrollieren und an ihren Schwächen arbeiten zu können. Ferner können aus den Situationsbeschreibungen fachliche, methodische und soziale Kompetenzen abstrahiert und so formuliert werden, wie es den Anforderungen in vielen Stellenausschreibungen entspricht. Die Erfolgsbeschreibungen können (in gekürzter Form) in Anschreiben und Vorstellungsgesprächen dazu genutzt werden, berufliche Kompetenzen angemessen darzustellen und anhand von Beispielen zu belegen. Diese Nutzungsweise entspricht dem Grundgedanken des Person-Job-Fit Ansatzes, der in Kapitel 2.2.1 dargestellt wurde und häufig in Vorstellungsgesprächen angewandt wird, um die Eignung von Bewerbern zu diagnostizieren.

- *Fremdeinschätzungen*

Weiterhin ist es sinnvoll, der überwiegenden Selbsteinschätzung von Kompetenzen und Erfolgen Fremdeinschätzungen gegenüberzustellen. Das kann geschehen, indem die Klienten ihnen nahestehende Kollegen, Mitarbeiter und Vorgesetzte bitten, sie zu beschreiben oder besser noch, anhand eines vorgegebenen Fragebogens einzuschätzen. Diese Einschätzungen, die möglichst zusätzlich im persönlichen Gespräch übermittelt werden sollten, vergleichen die Klienten anschließend mit ihren eigenen. Auf diese

Weise kann die Selbstwahrnehmung überprüft werden und Abweichungen können Anlass zur Reflexion des eigenen Verhaltens und seiner Wirkungen auf andere bieten.

- *Einsatz psychologischer Tests*

Viele Klienten haben zunächst Bedenken, wenn sie das Angebot erhalten, psychologische Tests durchzuführen, um ihre Interessen und Stärken systematisch zu beschreiben. Sie lassen sich allerdings darauf ein, wenn sie verstehen, dass sie nicht manipuliert werden, sondern die Ergebnisse ihnen helfen können, klarere Zielvorstellungen zu entwickeln und aussagekräftige Selbstbeschreibungen für Bewerbungssituationen zu gewinnen.

Tests werden auch bei Assessments eingesetzt

Inzwischen ist es auch üblich, Kandidaten für Managementpositionen zu einem Management Appraisal oder Assessment einzuladen, das von Personalberatungen durchgeführt wird (z. B. Westermann, 2007; Wübbelmann, 2005). Diese ein- bis zweitägigen Assessments beinhalten neben verschiedenen Formen von Interviews, Präsentationen und Fallstudien häufig auch psychologische Tests. Die Klienten können dann in der späteren Auswahlsituation von ihrer Erfahrung im Umgang mit Tests aus der Outplacementberatung profitieren.

Es werden unterschiedliche Tests eingesetzt, die meisten von ihnen lassen sich jedoch den Bereichen der Diagnose beruflicher Interessen, der Persönlichkeit und der Motivation zuordnen (s. Tab. 8). Die nachfolgende Tabelle gibt einen Überblick typischer Testverfahren, die von Psychologen im Outplacement durchgeführt werden. Hier ist deren Experten-Know-How gefragt, das eine sachgemäße Durchführung und Rückmeldung gewährleistet.

Tabelle 8:
Psychologische Tests zur Diagnose des individuellen beruflichen Profils

Getesteter Bereich	Beispiele für Tests
Berufliche Interessen und Karriereorientierung	– Allgemeiner Interessen-Struktur-Test (AIST-R, Bergmann & Eder, 2005) – Karriereanker (Schein, 2006) – Fragebogen zur Karriereorientierung (Derr, 1986)
Persönlichkeit	– NEO-Fünf-Faktoren-Inventar (NEO-FFI, Borkenau & Ostendorf, 2008) – 16-Persönlichkeits-Faktoren-Test (16 PF-R, Schneewind, Schröder & Cattell, 1994) – Bochumer Inventar zur berufsbezogenen Persönlichkeitsbeschreibung (BIP, Hossiep & Paschen, 2003)
Motivation / Leistungsbereitschaft	– Leistungsmotivationsinventar (LMI, Schuler & Prochaska, 2001) – Fragebogen zur Diagnose unternehmerischer Potenziale (F-DUP, Müller, Garrecht, Pikal & Reedwisch, 2002)

Welche Verfahren eingesetzt werden, variiert von Unternehmen zu Unternehmen. Wichtig bei ihrer Anwendung ist in jedem Fall, dass die Testergebnisse detailliert mit den Klienten besprochen werden, so dass diese sie nachvollziehen und für ihre weitere berufliche Orientierung gezielt nutzen können. Vielfach bringen die Ergebnisse eine Bestätigung der eigenen Wahrnehmung der Klienten, was von ihnen mit Befriedigung zur Kenntnis genommen wird und positiv für ihre Selbstwirksamkeit ist. Darüber hinaus entstehen durch die Testergebnisse häufig aber auch neue Informationen, indem Themen aufgezeigt werden, die in der bisherigen Selbstreflexion der Klienten keine Beachtung fanden. Häufig gehören zu diesen neuen Themen die Interessen der Klienten. Während diese bei der oben geschilderten Darstellung von Leistungen und Erfolgen eher indirekt angesprochen werden und Klienten oft Schwierigkeiten haben, sie explizit zu benennen, können sie durch entsprechende Testverfahren direkt ermittelt werden.

Die Selbsteinschätzung mit Hilfe von Testverfahren hat den weiteren Vorteil, dass die Eigenschafts- oder Interessenbeschreibungen, die in der Auswertung und Rückmeldung verwendet werden, auch für die Selbstbeschreibung in Bewerbungssituationen genutzt werden können. Denn diese Bezeichnungen entsprechen sehr häufig dem Grundgedanken der Person-Job-Fit Ansätze und stimmen mit den in Stellenausschreibungen genannten Anforderungen und gewünschten (Schlüssel-)Qualifikationen überein. Weitere Beschreibungen von Tests mit ihren Bezugsquellen sowie für die Formulierung von Bewerbungsunterlagen hilfreiche Beschreibungen von (Schlüssel-)Kompetenzen finden sich bei Hossiep, Paschen und Mühlhaus (2000), Eilles-Matthiessen, Janssen, Osterholz-Sauerlaender und El Hage (2008) sowie Sarges (2000).

Identifikation des aktuellen Laufbahnstadiums

Ein positiver Aspekt des ungewollten Arbeitsplatzverlusts und der Outplacementberatung ist, dass Veränderungswünsche, die in der Vergangenheit nicht bewusst waren oder aufgrund von Bequemlichkeit oder Bedenken nicht realisiert wurden, in dieser Lebenssituation noch einmal zum Tragen kommen können. Allerdings unterscheiden sich Outplacementklienten sehr stark im Ausmaß, in dem sie Veränderungen anstreben. Zur Eingrenzung von Ausmaß und Richtung für die Neuorientierung sollte festgestellt werden, in welchem Laufbahnstadium nach dem Laufbahnmodell von Super (vgl. Kap. 2.2.3, S. 29) sich die Klienten befinden. Jemand, der sich gerade erst in der Etablierungsphase befindet, ist an beruflichen Entwicklungsmöglichkeiten interessiert und vermutlich offen für eine Umorientierung, wenn er sich dadurch zusätzliche Chancen verspricht (vgl. auch Mörth & Söller, 2005). Hingegen wird eine Person, die sich in der Erhaltungsphase befindet, wahrscheinlich eher versuchen, eine Tätigkeit zu finden, die der bisherigen möglichst ähnlich ist. Wenn sie sich aller-

Die Orientierungsrichtung eingrenzen

dings innerhalb dieser Phase in einer Krise befindet, könnte das ein Ansatzpunkt sein, um eine selbständige Tätigkeit in Erwägung zu ziehen.

Das Laufbahnmodell sollte den Klienten auf jeden Fall vorgelegt werden, so dass sie selbst eine Positionsbestimmung vornehmen und mehr Klarheit bzgl. ihrer Flexibilität gewinnen können. Da die Bestimmung nicht immer einfach ist, sollten Berater durch systemische Fragen (siehe Kasten) zur Übernahme verschiedener Perspektiven und zum Hinterfragen der Selbsteinschätzung anregen. Auf diese Weise können unterschiedliche Hinweise genutzt werden, um mehr Sicherheit in der Einordnung zu gewinnen. Die Einordnung kann dann durch die Fremdeinschätzung von Seiten des Beraters ergänzt werden.

Beispiele systemischer Fragen zur Ermittlung des Laufbahnstadiums

– „Wenn ich Ihren Vorgesetzten fragen würde, in welchem Stadium er Sie wahrnimmt, was würde er antworten?"
– „Würde Ihre Frau die Einschätzungen Ihres Vorgesetzten teilen oder wo würde sie Sie am ehesten zuordnen?"
– „Nehmen Sie einmal an, Ihr engster Kollege sieht Sie im selben Stadium wie Sie sich selbst sehen. Angenommen, er wäre jetzt hier und wir würden ihn fragen, aus welchen Ihrer Verhaltensweisen er das schließt. Welche Verhaltensweisen würde er ganz konkret nennen?"

Marktanalyse

Wenn die Klienten auf der Grundlage der Potenzialanalyse und der Ermittlung ihres Laufbahnstadiums Vorstellungen davon entwickelt haben, in welchem Bereich sie zukünftig tätig werden wollen, werden diese Ideen einer Prüfung unterzogen (vgl. berufsbezogene Problemlösefähigkeiten in Kap. 2.2.4). Diese Analyse ist einfacher, je ähnlicher die angestrebte Tätigkeit der bisherigen in Bezug auf Inhalte, Branche und Art des Unternehmens ist.

Für den Fall, dass eine Person eine wirkliche Neuorientierung anstrebt, hat sie typischerweise keine konkreten Informationen, was die Tätigkeit im Einzelnen beinhaltet, welche Anforderungen mit ihr verbunden sind und wie die Nachfrage nach dieser Tätigkeit aussieht. Eine realistische Einschätzung dieses Aspekts ist besonders wichtig (vgl. Ergebnis- bzw. Erfolgserwartungen in Kap. 2.2.4).

Sich angemessen zu informieren ist eine wichtige Kompetenz bei der Jobsuche

Diese Information kann über Internetrecherchen und Printmedien beschafft werden. Besonders sinnvoll ist es, dass Klienten ihr vorhandenes Netzwerk dafür nutzen und in der gewünschten Richtung ausbauen. Das bedeutet, aktuelle Mitglieder des Netzwerks über das eigene Interesse zu informie-

92

ren und sie gezielt zu fragen, welche Kenntnisse bzw. Beziehungen diese zu dem Themenfeld haben. Diese Kenntnisse und Kontakte werden dann wiederum genutzt, um den eigenen Informationsstand auszuweiten. Wichtig ist dabei, dass die Klienten nicht direkt nach offenen Stellen fragen, weil die wenigsten Menschen damit dienen können und dann selbst ein Gefühl des Misserfolgs erleben, was spätere Kontakte belastet (Berg-Peer, 2003). Manche Outplacementunternehmen werben damit, dass sie ihren Klienten die Unternehmensdatenbank bzw. das Unternehmensnetzwerk zur Verfügung stellen, das natürlich sehr viel größer ist als das persönliche der Klienten. Allerdings kommt es in jedem Fall darauf an, dass die Klienten die Initiative ergreifen und beharrlich Hinweise auf Informationen und Kontakte verfolgen.

Für diejenigen, die eine selbständige Tätigkeit in Erwägung ziehen, gehört zu dieser Phase zusätzlich die Prüfung der Fördermöglichkeiten und Rahmenbedingungen für die Selbständigkeit. Interessierte sollten sich zunächst über die Arbeitsagentur und die Industrie- und Handelskammer bzw. Handwerkskammer informieren. Die Berater der Kammern können wichtige Informationen zu Geschäftsideen, Finanzierungsmöglichkeiten und Rechtsform liefern. Auch Banken sind gute Ratgeber in diesem Stadium. Förderungen können aus Länder- und Bundesprogrammen beantragt werden. Wichtig ist außer der Erfüllung der jeweiligen Voraussetzungen, dass die Förderung vor der Gründung beantragt wird. Neben der Prüfung der Finanzierung der Geschäftsgründung sind die soziale Absicherung sowie die Gewährleistung eines ausreichenden Lebensunterhalts zu bedenken. Neben der hohen Selbstwirksamkeit sind realistische Ergebniserwartungen besonders wichtig, um nicht unbedacht das Risiko einer Existenzgründung einzugehen.

> Ist Selbständig-
> keit eine
> Option?

Entwicklung realistischer Zielvorstellungen

Für die Entwicklung realistischer Zielvorstellungen ist Voraussetzung, dass die Klienten die Trauer um den Arbeitsplatz verarbeitet haben. Ist das nicht geschehen, erscheint die gerade verlorene Stelle oftmals als ideal, und die Klienten haben Schwierigkeiten, Alternativen ins Auge zu fassen. Wenn die Affektbewältigung erfolgreich verlief, sind sich die Klienten zu diesem Zeitpunkt ihrer Fähigkeiten und Interessen voll bewusst und haben sich Informationen über die Anforderungen des Arbeitsmarktes verschafft, d. h. sie wissen, was sie können und wollen und was gebraucht wird. Dieses Wissen bietet eine gute Grundlage, um angemessene Ziele für die neue berufliche Ausrichtung zu formulieren und dabei ggf. tatsächlich neue Wege zu beschreiten.

Klare Ziele sind entscheidend für die erfolgreiche Jobsuche. So konnten beispielsweise Wanberg, Hough und Song (2002) zeigen, dass Personen,

Für ein Schiff
ohne Hafen ist
kein Wind der
richtige

die klarere berufliche Ziele hatten, eine bessere Passung ihrer Vorstellungen mit dem neuen Job und seltener Kündigungsabsichten berichteten.

Um die bisher entwickelten Gedanken zur zukünftigen Erwerbstätigkeit zu konkretisieren, nehmen viele Berater hier auf systemische Methoden Bezug und bitten ihre Klienten beispielsweise, zunächst ihren Traumjob zu beschreiben, den sie ausüben würden, wenn es keinerlei einschränkende Bedingungen gäbe. Die Klienten beschreiben dann die imaginierte Situation möglichst detailreich mit Rahmenbedingungen, Tagesablauf, Gefühlen etc. (vgl. Wunderfrage, z. B. von Schlippe & Schweitzer, 2003; Sparrer, 2004). Anschließend wird diskutiert, welche Komponenten davon bereits gegeben sind und wie möglichst viele der übrigen erreicht werden können. Wird eine grundsätzliche Umorientierung angestrebt, geht es an dieser Stelle um die Frage, wie die vorhandenen Fähigkeiten und Interessen auf dieses Ziel ausgerichtet kombiniert und anders eingesetzt werden können als bisher.

Ausgehend von der als ideal empfundenen Erwerbstätigkeit wird dann ein Realitätscheck vorgenommen. Bei stärkeren beruflichen Veränderungen bedeutet das zunächst, noch einmal zu überprüfen, ob die neuen Ideen dauerhaften Wünschen der Klienten entsprechen und nicht kurzfristiger Natur sind, weil sie aus Gefühlen des Trotzes oder der Rache entstanden sind. Typischerweise bedeutet eine stärkere Umorientierung auch, dass mit einer längeren Suchphase gerechnet werden muss als bei hoher Kongruenz der angestrebten Tätigkeit mit der bisherigen. Die Erfahrung der Berater in verschiedenen Branchen und Tätigkeiten bietet hier eine weitere hilfreiche Informationsquelle zur Abwägung der Chancen für die zukünftige Ausrichtung. Außerdem beinhaltet die Realitätsprüfung, die persönlichen Rahmenbedingungen wie z. B. den Zeitraum, der ohne neues Einkommen überbrückt werden kann, das angestrebte bzw. mindestens notwendige Einkommen und die räumliche Flexibilität zu formulieren. Es ist sinnvoll, die Kriterien explizit aufzulisten und zu gewichten. Heizmann (2003) empfiehlt, zur Klärung dieser Frage den Lebenspartner einzubeziehen. In einem Gespräch mit Angehörigen kommen oftmals zusätzliche Bedingungen zur Sprache und es wird deutlich, zu welchen Zugeständnissen die Familie bereit ist. Selbst wenn Klienten sehr konkrete Vorstellungen entwickelt haben, die sie lediglich noch konsequent umsetzen müssen, gehört zur systemischen Beratung an dieser Stelle immer auch die Frage nach dem Preis, den sie für die berufliche Veränderung bezahlen werden, sollten sie sie plangemäß umsetzen. Das heißt, es wird von dem Gedanken ausgegangen, dass die aktuelle Situation auch Vorteile hat (z. B. fühlt sich durch die stärkere Anwesenheit zu Hause der Ehepartner von der Aufsicht für die Kinder entlastet) und eine Veränderung nicht nur Positives mit sich bringt (den neuen Job, Einkommen etc.), sondern auch Schwierigkeiten (z. B. eine Umstellung des Tagesablaufs, weil bei Inkaufnahme einer längeren Fahrtstrecke früher los-

94

gefahren werden muss und die Kinder nicht mehr zu Schule gebracht werden können). Eine genaue Analyse des Preises (für wen bedeutet das welchen Aufwand, wer könnte Einwände haben) ist wichtig, um frühzeitig Faktoren zu identifizieren, die die Klienten bei der Verfolgung ihres Zieles behindern könnten, ohne dass es ihnen zunächst bewusst ist.

Alles hat seinen Preis

Um die Energie der Klienten auf ihre Ziele auszurichten und die Motivation für deren Umsetzung zu fördern, kann auch an dieser Stelle die Methode der Time Line eingesetzt werden. So können die Klienten beispielsweise gebeten werden, sich in die zukünftige Situation hineinzuversetzen, in der sie ihr Ziel bereits erreicht haben. Rückblickend aus der Zukunft beschreiben sie dann auf einer Zeitlinie, wie es ihnen konkret gelungen ist, ihr Ziel zu erreichen. Diese Methode kann äußerst hilfreich zur Stützung der Selbstwirksamkeit sein, weil durch sie der Eindruck entsteht, dass das Ziel tatsächlich erreichbar ist und die Klienten die dafür notwendigen Kompetenzen bereits besitzen. Auch die positiven Gefühle, die bei dem Hineinversetzen in den zukünftigen Erfolg entstehen, können für die Veränderung motivieren.

In dieser Phase des Beratungsprozesses sind die Grundhaltungen der Neutralität bzw. Allparteilichkeit und der Ziel- und Lösungsorientierung der Berater (vgl. Kap. 2.3.2) besonders wichtig. Neutralität bzw. Allparteilichkeit bedeutet hier, dass Berater ihre Klienten dabei unterstützen, Möglichkeiten und Grenzen realistisch auszuloten, sie selbst aber nicht Stellung beziehen, ob und in welchem Ausmaß sie ein bestimmtes Ziel als passend ansehen. Zielorientierung bedeutet, die Berater müssen auf positive und konkrete Formulierungen der Ziele achten, weil immer wieder die Gefahr besteht, dass Klienten eher formulieren, was sie derzeit stört und was sie in Zukunft nicht (mehr) wollen.

Kompetenzerwerb

Potenzialanalyse und Zielfindung haben unter Umständen dazu geführt, dass die Klienten eine grundsätzlich neue berufliche Richtung einschlagen wollen. Wenn das der Fall ist, stellen sie häufig fest, dass sie die meisten der dafür erforderlichen Kompetenzen bereits besitzen, aber nicht alle. Selbst in Fällen, in denen die gleiche Tätigkeit angestrebt wird wie bisher, zeigt sich öfter, dass die Qualifikationen nicht mehr dem neuesten Stand entsprechen. Dann kann es sinnvoll sein, parallel zum Outplacement ein fachliches Training zu absolvieren, das den Klienten erlaubt, diese Lücke zu schließen. Sie stärken damit wiederum ihre Selbstwirksamkeit und erhöhen die Chance, im angestrebten Bereich eine Erwerbstätigkeit zu erhalten, weil sie ein weiteres formales Kriterium erfüllen (vgl. Haari, 1999). Wichtig ist hierbei, sich auf solche Qualifikationen zu konzentrieren, die als unerlässlich angesehen werden, denn sonst steigt das Risiko, durch die Beschäftigung mit Trainingsinhalten die eigentliche Aufgabe, die Stellensuche, aus dem Blick zu verlieren.

Training kann sinnvoll sein, darf aber nicht ablenken

4.4 Stufe 3: Konzipierung der individuellen Marketingstrategie

Die Vermittlung von Experten-Know-How ist kennzeichnend für die dritte Stufe, deren Ziel eine auf die einzelne Person zugeschnittene Marketingstrategie als Grundlage für die Stellensuche ist. Es geht darum, Kenntnis von offenen Positionen zu erlangen und sich selbst in angemessener Weise darzustellen. Das Wissen, wo und wie gesucht werden kann und wie der eigene Auftritt gestaltet wird, stärkt die Selbstwirksamkeit der Klienten bezüglich der Stellensuche und erhöht die Wahrscheinlichkeit für Suchaktivitäten erheblich.

Durch die Kenntnis der gängigen Bewerbungsmethoden gewinnen speziell jene Klienten an Sicherheit, die sich seit langem nicht mehr beworben haben und daher nicht wissen, was üblicherweise erwartet wird.

Stufe 3: Konzipierung der individuellen Marketingstrategie	
Ziele	Aufgaben
– Selbstwirksamkeit stärken – Zielorientierte Stellensuche einleiten – Sich erfolgreich präsentieren	– Zugänge zum Arbeitsmarkt kennen – Bewerbungsunterlagen zusammenstellen – Mündliche Selbstdarstellung trainieren – Ggf. Selbständigkeit vorbereiten

Zugänge zum Arbeitsmarkt

Für die Suche nach einer neuen abhängigen Tätigkeit kommen der offene und der verdeckte Stellenmarkt in Frage. Der offene Stellenmarkt, d. h. Positionen, für die aktiv, z. B. durch Stellenanzeigen, gesucht wird, wird von den Klienten häufiger adressiert, weil die Kosten der Informationsgewinnung relativ gering sind. Die Stellen können über Tageszeitungen und Internetjobbörsen ohne größeren Aufwand recherchiert werden. Ein gravierender Nachteil des offenen Stellenmarktes ist allerdings, dass sich Bewerber hier mit einer großen Anzahl Wettbewerber um die Stellen konfrontiert sehen. Speziell Bewerber mit einem ausgefallenen Profil haben es schwer, sich gegen Personen durchzusetzen, die einen für die zu besetzende Stelle klassischen Werdegang aufweisen. Unabhängig vom individuellen beruflichen Profil sollten alle Klienten motiviert werden, im verdeckten Stellenmarkt zu suchen. Dieser bezieht sich auf Positionen, die nicht in irgendeiner Weise veröffentlich sind und so den latenten Personalbedarf von Unternehmen darstellen. Die Recherche solcher Positionen ist deutlich aufwendiger, aber sehr vielversprechend, weil für sie geringe bis

Der offene Stellenmarkt ist einfacher zu bearbeiten, der verdeckte ist erfolgversprechender

Tabelle 9:

Zugangsmöglichkeiten zum offenen und verdeckten Stellenmarkt

Offener Stellenmarkt	Verdeckter Stellenmarkt
– Stellenanzeigen in Printmedien und Internet sichten und auswerten – Arbeitsagentur – Private Arbeitsvermittler – Personalberater – Kontaktnetz nutzen	– Initiativbewerbung – Stellengesuch aufgeben – Eigenes Profil bei Stellenbörsen, auf Verbandsinternetseiten etc. einstellen – Private Arbeitsvermittler – Personalberater – Kontaktnetz nutzen

gar keine Konkurrenz besteht und häufig die gleichen Zugänge wie zum offenen Stellenmarkt genutzt werden können. Tabelle 9 gibt einen Überblick der Zugangsmöglichkeiten zum offenen und verdeckten Stellenmarkt, auf die im Folgenden eingegangen wird.

Möglichkeiten, selbst zu suchen

Der typische Zugang zum offenen Stellenmarkt bei eigener Aktivität besteht darin, dass die Outplacementklienten Stellenanzeigen in relevanten Tageszeitungen, Zeitschriften von Verbänden, in Internetjobbörsen oder auf den Homepages der Unternehmen recherchieren. Der Vorteil bei diesem Vorgehen besteht darin, dass die Anforderungen an die Bewerber meist einigermaßen klar aufgelistet sind. Das erleichtert Interessierten den Abgleich mit ihrem Profil. Um abzuschätzen, ob ein ausreichender Grad an Passung gegeben ist und sich eine Bewerbung lohnt, sollten die genannten Anforderungen in unabdingbare und erwünschte eingeteilt und anschließend den eigenen Kompetenzen gegenübergestellt werden. Ergibt sich eine Überlappung von mindestens 60 % bei den unabdingbaren Kriterien, sollte eine Bewerbung erwogen werden. Zuvor ist es in jedem Fall sinnvoll, Kontaktpersonen, die meist in den Annoncen genannt werden, anzurufen. Ein solches Telefonat dient dazu, weitere Informationen zur Position, zu den Anforderungen und zum Unternehmen zu erhalten, die in der Anzeige nicht aufgeführt sind. Werden diese Informationen genutzt, um die Bewerbung darauf abzustimmen, so kann sich ein Vorteil gegenüber anderen Bewerbern ergeben. Zudem haben die Interessenten, die diesen Aufwand auf sich nehmen, den Vorteil, dass die Kontaktperson im Unternehmen sie bereits kennt, wenn ihre Bewerbung eingeht, und aufgrund des vorherigen Kontakts ernsthaftes Interesse vermutet.

Telefonat als wichtiger Erstkontakt

Ein sehr wichtiger Zugang zum verdeckten Arbeitsmarkt besteht darin, selbst auf Unternehmen zuzugehen, auch wenn diese keine Stelle ausgeschrieben haben. Diese Form der Bewerbung (Initiativbewerbung, Direktansprache) ist aus folgenden Gründen deutlich aufwendiger als die zuvor beschriebenen Möglichkeiten: Sie erfordert eine gründliche Vorbereitung,

Initiativbewerbung

bei der Unternehmen bzw. Abteilungen innerhalb von Unternehmen recherchiert werden müssen, bei denen eine Bewerbung prinzipiell sinnvoll ist. Außerdem sind eine knappe und präzise Darstellung der beruflichen Kompetenzen und eine plausible Begründung notwendig, inwiefern die Interessenten einen Nutzen für das Unternehmen stiften würden. Die individuelle Ansprache der Unternehmen, die die Informiertheit der Absender dokumentiert, ist entscheidend für den Erfolg. Standardisierte Anschreiben, die in gleicher Form an verschiedene Unternehmen gesendet werden (Massenbewerbung, Blindbewerbung) führen selten zu einem weiteren Kontakt.

Bei einer Studie von MTU Aero Engines GmbH, die 2004 im Zuge eines Strukturwandels mehrere hundert Mitarbeiter abbauten und ihnen Outplacement anboten, zeigte sich bei einer insgesamt sehr hohen Vermittlungsquote, dass 76 % der erfolgreichen Outplacementteilnehmer ihre neue Stelle aufgrund einer Initiativbewerbung erhielten (Kleitsch, 2006). Hingegen wandten Mitarbeiter, die nicht am Outplacement teilnahmen, diese Methode kaum an.

Eine weitere Möglichkeit des eigenen Zugangs zum Arbeitsmarkt besteht darin, selbst ein Stellengesuch aufzugeben. Auf diese Weise können Outplacementklienten Unternehmen erreichen, die Personalbedarf haben, aber auf die Ausschreibung einer Stelle verzichten. Wichtig ist, die gewünschte Tätigkeit und die beruflichen Kompetenzen in prägnanter Form zu beschreiben. Als Medien sind speziell solche Zeitungen und Zeitschriften geeignet, die in den Zielunternehmen gelesen werden.

Möglichkeiten, andere suchen zu lassen

Neben den eigenen Suchaktivitäten sollten auch die Möglichkeiten genutzt werden, andere für sich suchen zu lassen. Hier kommen staatliche und private Arbeitsvermittler infrage sowie Personalberater. Zu den staatlichen Arbeitsvermittlern zählen die regionalen Arbeitsagenturen sowie die Zentrale Auslands- und Fachvermittlung (ZAV). Letztere ist die internationale Personalagentur der Bundesagentur für Arbeit, die eine speziell für Führungskräfte geeignete Anlaufstelle bei der weltweiten Jobsuche ist. Obgleich die Möglichkeiten der staatlichen Arbeitsvermittler begrenzt sind, sollte auch diese Chance genutzt werden. In einem persönlichen Gespräch mit den zuständigen Beratern sollten Ziele und Kompetenzen gestützt durch schriftliche Unterlagen dargestellt werden. Als zusätzliche Quelle für Stellenangebote dient die Jobbörse der Arbeitsagentur, die nach persönlicher Registrierung regelmäßig auf aktuelle und passende Stellen durchgesehen werden sollte. Sie bietet den Zugriff auf Stellen-, Praktikums- und Ausbildungsplatzdatenbanken und integriert auch externe Stellenbörsen. Außerdem sollten Outplacementklienten dort ihr Bewerberprofil einstellen, da Unternehmen die Jobbörse nicht nur für die Platzierung von Stel-

Arbeitsagenturen beraten und bieten Jobbörsen

lenangeboten, sondern auch für die Recherche geeigneter Kandidaten und die Kontaktaufnahme zu ihnen nutzen. Im Rahmen von Personal-Service-Agenturen beziehen die Arbeitsagenturen nach § 37c SGB III Dritte zur Arbeitsvermittlung ein. Die Personal-Service-Agenturen gehen auf Vorschlag der Arbeitsagenturen mit Arbeitslosen sozialversicherungspflichtige Beschäftigungsverhältnisse ein und haben die Aufgabe, Arbeitslose gegen eine Prämie zu übernehmen und zukünftig in Arbeitsstellen auf Zeit (Leiharbeit) oder an einen anderen Arbeitgeber zu vermitteln. Zu ihren Verpflichtungen gehört es, die Arbeitslosen in den verleihfreien Zeiten zu qualifizieren. Weinkopf (2005) berichtet für 2004 für die Personal-Service-Agenturen einen „Klebeeffekt", d.h. eine Wiedereingliederungsquote durch Übernahme der Arbeitslosen durch die entleihenden Unternehmen, von 33 %.

Wird der Zugang zu Stellen über private Arbeitsvermittler gesucht, so ist zu beachten, dass diese eine Gebühr von bis zu 2.000 € von den Arbeitssuchenden verlangen können, wenn ein Arbeitsvertrag geschlossen wird. Zu den privaten Arbeitsvermittlern gehören auch die Zeitarbeitsunternehmen. **Private Arbeitsvermittler** Diese verfolgen allerdings häufig das Ziel, dauerhafte Arbeitsverhältnisse einzugehen und die Klienten nicht zu vermitteln, sondern zu verleihen. Viele Klienten lehnen zunächst die Zusammenarbeit mit ihnen ab, weil sie mit geringeren Verdienstmöglichkeiten rechnen und die Befürchtung haben, ihre Chancen auf ein unbefristetes Arbeitsverhältnis bei einem dritten Arbeitgeber zu verringern. Zum Teil sind diese Befürchtungen begründet: Laut Hayen (2005) lag die Verdienstschere zwischen regulär Beschäftigten und Leiharbeitskräften im Jahr 2001 bei immerhin 41 %. Eine Chance in der Zusammenarbeit mit Zeitarbeitsunternehmen darf jedoch nicht übersehen werden. Unternehmen beschäftigen häufig Leihmitarbeiter, wenn sie eine befristete Tätigkeit zu vergeben haben oder die Personalpolitik keine dauerhaften Stellenbesetzungen vorsieht. Kommen Outplacementklienten **Einstieg über Zeitarbeitsfirmen führt oft zur Übernahme durch den Leihbetrieb** über eine Zeitarbeitsagentur auf eine für sie passende Stelle, kann aufgrund der positiven Erfahrungen, die das Unternehmen mit ihnen macht, später die Übernahme in ein unbefristetes Arbeitsverhältnis erfolgen. Das Institut der Deutschen Wirtschaft Köln hat 2008 eine Studie im Auftrag des Bundesverbands Zeitarbeit (BZA) durchgeführt und berichtet von einem „Klebeeffekt" von 25 % (Idw, 2008).

Eine weitere Möglichkeit, andere für sich suchen zu lassen, ist die Kontaktaufnahme zu Personalberatern. In Kapitel 1 wurde bereits darauf hingewiesen, dass Personalberater im Auftrag von Unternehmen geeignete **Personalberater** Kandidaten für offene Stellen suchen. Für die Outplacementklienten besteht die Chance darin, dass sie für eine dieser aktuellen Vakanzen geeignet sein könnten. Sie sollten daher so viele bzgl. des Tätigkeitsbereichs passende Personalberater wie möglich ansprechen, ihnen in prägnanter Form ihre Ziele und Kompetenzen vorstellen und ihnen ggf. zusätzlich ein schriftliches Kurzprofil zukommen lassen. Sie erfahren in aller Regel sehr schnell, ob ihr Profil für den Berater interessant ist. Auch wenn die kontaktierten Personalberater selbst derzeit keine passende Stelle haben, können sie möglicherweise relevante Hinweise auf Vakanzen in einer Branche oder einem Tätigkeitsfeld geben. Kontaktdaten von Personalberatern lassen sich über deren Anzeigen im Stellenmarkt der Tageszeitungen, im Internet, Branchentelefonbüchern und den Berufsverband identifizieren.

Das persönliche Netzwerk nutzen

Eine Chance, einen neuen Arbeitsplatz zu finden, die von den meisten Outplacementklienten unterschätzt und zunächst nur zaghaft genutzt wird, ist das eigene Netzwerk. Zum persönlichen Netzwerk gehören alle Personen, mit denen die Klienten bekannt sind wie Familie, Nachbarn, Freunde, Vereinskameraden, Parteifreunde und andere Kontakte wie Apotheker, Ärzte, Steuerberater, Geschäftspartner im beruflichen und privaten Bereich, bisherige und frühere Kollegen. Hinzu kommen alle Personen, mit denen sie neu in Kontakt treten. Kontaktpersonen können genutzt werden, um Informationen zu interessierenden Berufsfeldern, Arbeitsmarktchancen und speziellen Unternehmen zu erhalten sowie Zugang zu Personen zu gewinnen, die eine der angestrebten Position ähnliche Tätigkeit ausüben. Wichtig ist, Kontaktpersonen als Informations- und Ratgeber zu sehen, und nicht als Personen, die Arbeitsplätze zu vergeben haben. Wenn möglichst viele Personen von der Neuorientierung der Klienten am Arbeitsmarkt wissen, ihre Ziele und Kompetenzen kennen, erhöht sich die Wahrscheinlichkeit, zufällig von Vakanzen zu erfahren, auf die die Klienten passen.

Lambert, Eby und Reeves (2006) fanden, dass eine höhere Intensität in der Nutzung des Netzwerks mit einer höheren Qualität der erhaltenen Information einhergeht, allerdings auch mit einer geringeren Vielfalt der Kontakte. Das spricht dafür, dass es sinnvoll ist, die Kontakte gut auszuwählen und sorgfältig vorzubereiten. Es hat sich gezeigt, dass Arbeitslose, die zuvor in Branchen tätig waren, die durch Rückgang oder Stagnation gekennzeichnet sind, stärker auf Kontakte aus anderen Branchen zugreifen, auch wenn diese eher privat und durch einen niedrigeren Joblevel als Kontakte aus der bisherigen Branche gekennzeichnet waren. Das war eine erfolgreiche Strategie, um eine neue Beschäftigung in einer anderen Branche zu finden (Brown & Konrad, 2001).

Wanberg, Kanfer und Banas (2000) untersuchten, wie Netzwerkaktivitäten mit Persönlichkeitsmerkmalen und dem Erfolg bei der Jobsuche zusammenhängen. Sie fanden, dass sich Personen mit höheren Ausprägungen speziell in Extraversion, aber auch in Gewissenhaftigkeit, Verträglichkeit und Offenheit gegenüber neuen Erfahrungen, wohler mit

Das persönliche Netzwerk ist meist größer als zunächst gedacht

Qualität statt Quantität

Netzwerkaktivitäten fühlten und mehr davon einsetzten als Personen mit geringeren Ausprägungen. Allerdings zeigten diese Personen auch gleichzeitig insgesamt mehr Suchaktivitäten. Ein Drittel der von ihnen befragten Teilnehmer hatte den neuen Job über Netzwerkaktivitäten gefunden. In der Studie von Fischer (2001) gab ebenfalls ein Drittel der Teilnehmer einer Outplacementmaßnahme an, den neuen Job über ihr Kontaktnetz gefunden zu haben.

Themen, die sich für die Pflege des Kontaktnetzwerks eignen (vgl. Nadig & Reemts Flum, 2008)

– Fragen nach der wirtschaftlichen Entwicklung von Produkten, Branche, Wettbewerbsunternehmen
– Fachliche Kompetenzen, die für die Zielposition oder die Branche zukünftig entscheidend sind
– Positionierung des Unternehmens im Markt
– Fragen nach weiteren Kontaktpersonen
– Tipps zur beruflichen Neuorientierung

Bewerbungsunterlagen

Es gibt unzählige Bewerbungsratgeber im Buchhandel, die unterschiedliche Meinungen vertreten, wie Bewerbungsunterlagen derzeit zu gestalten sind. Diese z. T. widersprüchliche Vielfalt spiegelt die Unmöglichkeit wider, eindeutige Hinweise zu geben, denn wie eine Bewerbung beurteilt wird, hängt immer vom Empfänger ab. So unterscheiden sich die Empfänger in Branchen, Art des Unternehmens, Unternehmenskultur, Position, Erfahrung und beruflicher Sozialisation. Diese individuell ausgeprägten Merkmale bestimmen, welche Form der Bewerbung als passend angesehen wird. Hieraus folgt, dass nicht „die richtige" Form der Bewerbung vermittelt werden kann. Viel eher geht es darum, nicht bereits bei der Sichtung der Unterlagen aus dem Bewerberpool herauszufallen. Grundsätzlich geht es in jedem Personalauswahlverfahren darum, Bewerber zu identifizieren, die für die Tätigkeit geeignet und motiviert sind sowie zum bestehenden Team und zum Unternehmen passen (Schuler, 2000). Speziell die Frage nach der Eignung kann anhand der formalen Qualifikation, wie sie aus den Bewerbungsunterlagen hervorgeht, beurteilt werden, die Motivation wird häufig aus dem Anschreiben erschlossen. Viele Unternehmen nutzen die Sichtung der Unterlagen, um Bewerber auszusortieren und so die Datenfülle für die weiteren Auswahlschritte zu reduzieren (Schuler & Marcus, 2006).

Die „richtige" Form gibt es nicht

101

Grundsatzfragen bei der Beurteilung von Bewerbern (nach Schuler, 2000)	
Eignung	– Kann die Person die Tätigkeit erfolgreich ausführen? – Wie entwicklungsfähig ist die Person?
Motivation	– Ist die Person zu der Tätigkeit bereit? – Unter welchen Umständen wird sie sie ausführen?
Passung	– Passt die Person ins Team und ins Unternehmen? – Wird sie sich dauerhaft integrieren und sich wohl fühlen?

Unterlagen aus der Perspektive des Empfängers gestalten

Daher ist das Ziel dieser Stufe der Beratung, die Klienten anzuregen, sich in die Perspektive der Empfänger ihrer Bewerbungen zu versetzen. Die Klienten müssen sich die Frage stellen, welche Information für Personalreferenten und Fachabteilungen relevant ist. Ausgehend von diesen Aspekten werden dann die Bewerbungsunterlagen gestaltet. Dabei hilft den Klienten ihre eigene Berufserfahrung. Der folgende Kasten zeigt im Überblick, welche Dokumente zu den typischen Bewerbungsunterlagen zählen und in welchen Situationen sie verwendet werden. Auf die Formulierung und Ge-

Bewerbungsunterlagen sind Arbeitsproben

staltung der Unterlagen sollte viel Mühe verwendet werden, da die Vorauswahl zum Gespräch bei vielen Empfängern zwar intuitiv erfolgt (Machwirth, Schuler & Moser, 1996), aber die Unterlagen von vielen auch wie eine Arbeitsprobe gewertet werden. Nach Schuler (2000) wird beispielsweise das Anschreiben in Bezug auf sprachliche Ausdrucksfähigkeit und Originalität, Prägnanz, Struktur und Sorgfalt sowie Art der Selbstdarstellung beurteilt.

Bestandteile und Einsatz von Bewerbungsunterlagen

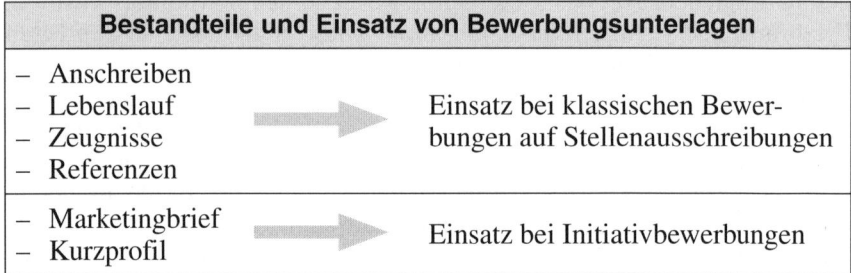

– Anschreiben – Lebenslauf – Zeugnisse – Referenzen	Einsatz bei klassischen Bewerbungen auf Stellenausschreibungen
– Marketingbrief – Kurzprofil	Einsatz bei Initiativbewerbungen

Das Anschreiben sollte knapp und präzise formuliert sein und dabei dem aus dem Marketing bekannten Prinzip folgen, die Aufmerksamkeit des Lesers, sein Interesse an der Person zu wecken sowie den Wunsch, den Absender kennenzulernen. Letztlich soll die Gestaltung und Formulierung des Anschreibens dafür sorgen, dass eine Gesprächseinladung erfolgt. Dem Klienten muss dabei klar sein, dass viele Empfänger das Anschreiben kaum lesen und sich rasch dem Lebenslauf zuwenden, daher muss es entsprechend knapp und übersichtlich geschrieben sein.

Die durchschnittliche Sichtungszeit für Bewerbungsunterlagen liegt bei weniger als zehn Minuten (z. B. Kreuscher, 2000; Machwirth, Schuler & Moser, 1996). Neben der auf das Unternehmen und die Position bezogenen Einleitung, die die Motivation des Absenders belegt, und den Angaben zu beruflichen Qualifikationen, die die Eignung für die ausgeschriebene Position deutlich machen, ist die Begründung für die Bewerbung bei Outplacementklienten besonders wichtig. Denn sie haben den Vorteil, dass sie sofort verfügbar sind, weil sie keine Kündigungsfrist zu beachten haben. Das ist für viele Unternehmen sehr interessant.

Gleichzeitig haben die Klienten oft Hemmungen, die unmittelbare Verfügbarkeit anzugeben, weil sie befürchten, dadurch einen negativen Eindruck hervorzurufen. Daher kommt der Beschreibung der Motivation für die Bewerbung eine besondere Bedeutung zu. Bei dieser Formulierung kann wieder auf die Trennungsformel zurückgegriffen werden, die zu Beginn der Outplacementberatung erarbeitet wurde.

Auch beim Lebenslauf kommt es weniger auf die Gestaltungsform als auf den Inhalt an. Der Lebenslauf ist für viele Unternehmen das entscheidende Instrument der Vorauswahl (vgl. Weuster, 2008). Aufgrund der Analyse des Lebenslaufs wird beurteilt, mit welcher Wahrscheinlichkeit ein Bewerber für die ausgeschriebene Stelle geeignet ist. Die Bewerber sollten sich überlegen, ob sie den Lebenslauf eher chronologisch oder funktional aufbauen. Bei der chronologischen Gestaltung werden alle Stationen der Ausbildung und Berufstätigkeit in ihrer zeitlichen Abfolge nacheinander aufgelistet. Diese Auflistung kann mit der jüngsten Vergangenheit beginnen (retrograd), wie es amerikanischen Lebensläufen entspricht und auch in Deutschland immer häufiger zu finden ist. Die retrograde Variante sollten Bewerber verwenden, die eine langjährige Berufspraxis aufweisen, denn ihre frühen beruflichen Erfahrungen spielen für die aktuelle Eignungsbeurteilung kaum noch eine Rolle. Alternativ beginnt die Listung in herkömmlicher Weise mit der ältesten Vergangenheit. Das kann für die Bewerbung bei sehr konservativen Unternehmen sinnvoll sein. Für die chronologische Darstellung unabhängig von der Richtung der zeitlichen Abfolge sprechen eine stetige berufliche Aufwärtsentwicklung mit zunehmender Verantwortung, eine Zieltätigkeit, die der bisherigen ähnlich und in der gleichen Branche angesiedelt ist sowie eine lückenlose Berufsbiographie. Bei der funktionalen Gestaltung werden berufliche Tätigkeiten nach Inhalten gruppiert dargestellt. Sie bietet sich an, wenn ähnliche Tätigkeiten bei verschiedenen Arbeitgebern ausgeübt wurden, wenn Kompetenzen betont werden sollen, die im letzten Job keine besondere Rolle gespielt haben und wenn ein beruflicher Richtungswechsel angestrebt wird. Das Hauptaugenmerk sollte ansonsten darauf liegen, die Erfahrungen und Kompetenzen so darzustellen, dass die Eignung für die ausgeschriebene Stelle deutlich wird.

Zu vollständigen Bewerbungsunterlagen gehören Ausbildungs- und Arbeitszeugnisse. Ausbildungszeugnisse dienen dazu, die generelle Eignung für eine Position zu belegen und die im Lebenslauf angegebenen Daten zu belegen. Arbeitszeugnisse spielen mit höherer Qualifikation eine zunehmende Rolle. Ihre Bedeutung ist für Positionen im mittleren Management am höchsten und nimmt im Topmanagement wieder ab (Weuster, 2008). Wichtig ist, dass die in den Bewerbungsunterlagen genannten Daten mit denen der Zeugnisse übereinstimmen. Darüber hinaus haben die Tätigkeitsbeschreibung und die zusammenfassende Leistungsbeurteilung sowie der Schlusssatz wesentliche Bedeutung für die Einschätzung von Bewerbern. Bei höheren Managementpositionen wird mehr Wert auf Referenzen gelegt. Diese können von bisherigen Vorgesetzten sowie früheren Arbeitgebern eingeholt werden. Sinnvoll ist es in solchen Fällen, dass die Klienten den Referenzgebern Stichworte an die Hand geben (z. B. Kontext, aus dem Referenznehmer bekannt ist, Tätigkeitsbereich, Verantwortung, besondere Erfolge, Verbesserungspotenzial), anhand derer das Referenzschreiben formuliert werden kann.

Zeugnisse und Referenzen

Der Marketingbrief, der eine Initiativbewerbung kennzeichnet, unterscheidet sich vom Bewerbungsschreiben darin, dass ihm kein konkretes Stellenangebot des adressierten Unternehmens zugrunde liegt. Wenn eine intensive Recherche ergibt, dass das eigene Profil auf Arbeitsstellen im Unternehmen passen könnte, oder wenn sich beispielsweise ein Zeitungsartikel als Aufhänger dafür eignet, können in dem Schreiben gute Gründe aufgeführt werden, warum man sich dem Unternehmen anbietet. Stärker als beim klassischen Bewerbungsschreiben kommt es darauf an, das eigene Profil und den Nutzen für das Unternehmen darzustellen. Dem Marketingbrief werden üblicherweise nicht die kompletten Bewerbungsunterlagen beigefügt, sondern lediglich ein Kurzprofil, das die wichtigsten Daten des Lebenslaufs mit Qualifikationen und Erfahrungen beinhaltet. Wenn ein Unternehmen Interesse hat, wird es die vollständigen Unterlagen anfordern.

Initiativbewerbung

Mündliche Selbstdarstellung

Während der Bewerbungsphase führen die Klienten sehr viele Gespräche. Diese beginnen mit der Verabschiedung von Kollegen und Geschäftspartnern, gehen über Gespräche im Kontaktnetzwerk und Telefonate im Vorfeld von Bewerbungen bis hin zu Vorstellungsgesprächen. Die Selbstdarstellung der Klienten in diesen Gesprächen beeinflusst ihre Chancen auf eine neue Erwerbstätigkeit entscheidend. Sie muss daher gut vorbereitet werden. Hier spielen sowohl die Inhalte als auch die Art, in der diese vermittelt werden, eine große Rolle. Um beide Bereiche zu optimieren, werden verschiedene Varianten der Selbstdarstellung ausgearbeitet, geübt und reflektiert. Mit der Durchführung von Rollenspielen, die auf Video aufgezeichnet und gemeinsam mit den Beratern analysiert werden, lassen sich

Jeden Kontakt nutzen

deutlich bessere Effekte erzielen, als wenn lediglich Gesprächsteile oder nur einzelne Antworten auf Fragen besprochen werden. Auf diese Weise werden sowohl die Inhalte der Aussagen als auch der Stil des Gesprächs inkl. Körpersprache auf ihre Wirkung beim Gesprächspartner hin bewertet und optimiert.

> Die Vorbereitung auf die Gespräche umfasst zum einen die Entwicklung eines 30-Sekunden-Spots zur Selbstpräsentation (bei Berg-Peer, 2003: 2-Minuten-Spot). Grundprinzip dieser Kurzdarstellung ist immer, sich selbst gegenüber Menschen zu präsentieren, die in Eile und nur bedingt aufmerksam sind und dennoch einen guten Eindruck von den Qualifikationen und Zielen des Klienten erhalten sollen.

Dieser Spot kann bei Bedarf um zusätzliche Information ergänzt werden. Speziell im Vorstellungsgespräch geht es darum, die Information nicht als Behauptungen zu formulieren, sondern durch konkrete Beispiele zu belegen. Dafür wird wieder auf die Belege zurückgegriffen, die mit Hilfe des Verhaltensdreiecks (Stufe 2) erarbeitet wurden.

Inhalte des 30-Sekunden-Spots
– Name – Letzte berufliche Position – Hauptzuständigkeiten und Verantwortungsbereiche – Größte Stärken – (Letzter) herausragender Erfolg – Pläne für die Zukunft

Telefonate sind weitere Gelegenheiten zur positiven Selbstdarstellung. Sie können genutzt werden, um vor dem Versenden einer Bewerbung zusätzliche Informationen einzuholen. Die diesbezüglichen Fragen müssen gut vorbereitet sein. Außerdem muss bereits in dieser Situation überzeugende Information zur eigenen Person gegeben werden. Telefonate sind zudem notwendig, um das Kontaktnetz auszuweiten und Informationen über Tätigkeitsfelder und Unternehmen zu gewinnen. Weiterhin ist es sinnvoll, in angemessenem Zeitabstand, d. h. zwei bis drei Wochen nach Eingang der Bewerbung, im jeweiligen Unternehmen anzurufen und nachzufragen, ob eine Entscheidung bzgl. der Stelle gefallen ist. Das signalisiert Interesse an der Position und beruhigt die Nerven der Klienten, wenn Gründe für Verzögerungen genannt werden.

Die Selbstdarstellung in Form einer Kurzpräsentation ist nur eine Form der Vorbereitung auf Vorstellungsgespräche. Daneben beinhaltet die Vorbereitung auch den Umgang mit für die Klienten schwierigen Fragen. Diese beziehen sich auf die aktuelle berufliche Situation, Gründe der Trennung, Persönlichkeit und Arbeitsstil, Ziele und Motive bezüglich der zukünftigen

Interview-training

Erwerbstätigkeit, deren vertragliche Aspekte sowie die persönlichen Rahmenbedingungen. Für mögliche problematische Aspekte wie Lücken im Lebenslauf, abgebrochenes Studium, kurze Beschäftigungszeiten müssen knappe und plausible Antworten entwickelt werden, die keine Fragen offen lassen. Damit ist nicht gemeint, dass die Klienten keine Schwächen haben dürften. Im Gegenteil müssen sie in der Lage sein, Schwächen und Misserfolge zu benennen. Diese dürfen aber keine Erfolgshindernisse für die angestrebte Tätigkeit darstellen. Das heißt, falls Fragen zu kritischen Punkten kommen, müssen diese souverän beantwortet werden können. Es ist aber nicht Sache des Klienten, die Aufmerksamkeit ihrer Gesprächspartner darauf zu lenken, indem sie sie von sich aus ansprechen. Wichtig ist auch hier wieder, dass trainiert wird, die Perspektive der Gesprächspartner einzunehmen, die sich ein selbstbewusstes und kompetentes Gegenüber wünschen, dem sie den infrage stehenden Job anvertrauen können. Aufgrund ihrer eigenen beruflichen Erfahrung können die Klienten die Anforderungen der Interviewer zumindest dann recht gut einschätzen, wenn es sich um eine Stelle handelt, die ihrer bisherigen Tätigkeit ähnelt.

Es ist sinnvoll, mit Outplacementklienten ein regelrechtes Training zu den Inhalten und Aufgaben der Stufe 3 durchzuführen. Da viele der Klienten sich lange nicht beworben haben, sind sie unsicher, was aktuell verlangt wird. Durch den Experteninput zu Zugängen zum Arbeitsmarkt, Bewerbungsunterlagen und Vorstellungsgesprächen gewinnen sie schnell an Sicherheit und erhöhen die Anzahl ihrer Bewerbungsaktivitäten. So hat sich vielfach gezeigt, dass durch solche Trainings die Selbstwirksamkeit gesteigert werden kann (Davy, Anderson & DiMarco, 1995; Eden & Aviram, 1993; Frese et al., 2002) und die Selbstwirksamkeit bzgl. des Suchverhaltens und der beruflichen Tätigkeiten einen deutlichen Einfluss auf die Intensität des Suchverhaltens und den damit verbundenen Erfolg hat (z. B. Eden & Aviram, 1993; Kanfer & Hulin, 1985). Für das Training der Selbstdarstellung und die Optimierung der Gesprächsführung sind eher systemische Methoden angezeigt, da der Erfolg davon abhängt, dass die Klienten als authentisch wahrgenommen werden.

Ggf. Selbständigkeit vorbereiten

Haben sich die Klienten in der zweiten Stufe der Outplacementberatung entschlossen, in die Selbständigkeit zu gehen, so besteht für sie die Aufgabe der dritten Stufe darin, die Selbständigkeit konkret vorzubereiten. Neben der Anforderung, sich auf eine völlig andere Lebensperspektive einzustellen, als sie mit einer abhängigen Beschäftigung einhergeht, gehören hierzu die im Folgenden beschriebenen Tätigkeiten.

Aufgaben zur Vorbereitung der Selbständigkeit
– Geschäftsidee konkretisieren und Unternehmenskonzept (Businessplan) formulieren
– Rechtsform festlegen
– Rentabilitätsvorschau erstellen
– Finanzierungsbedarf ermitteln
– Finanzierungsmöglichkeiten klären
– Bedarf an Genehmigungen und Versicherungen klären
– Beratungsbedarf klären
– Weiterbildungsbedarf ermitteln

Die Voraussetzung für den Erhalt des Gründungszuschusses der Arbeitsagentur ist die Erstellung eines Businessplans (schriftliche Zusammenfassung des unternehmerischen Vorhabens). Hilfen zur Erstellung des Businessplans finden sich beispielsweise im Internetportal des Bundesministeriums für Wirtschaft und Technologie (www.existenzgruender.de). Ein Businessplan wird typischerweise auch gefordert, wenn es um (geförderte) Bankkredite und andere Formen der Finanzierung der Selbständigkeit geht. Mit der Erstellung des Businessplans sollte eine fundierte Gründungsberatung einhergehen. Diese Beratung können Berater von Fachverbänden und Kreditinstituten, Steuerberater sowie Gründungszentren und die Gründungsberater der Kammern leisten. Mit diesen Beratern sollten Interessierte die Chancen für ihr Vorhaben, Risiken sowie die im obigen Kasten aufgeführten Themen besprechen, um zu realistischen Ergebniserwartungen zu kommen. Existenzgründer können und sollten finanzielle Fördermöglichkeiten außerdem im Rahmen einer Orientierungsberatung bei der KfW Mittelstandsbank oder anderen Banken und Sparkassen (siehe auch www.foerderdatenbank.de) klären.

Beratung in Anspruch nehmen

Klienten, die eine selbständige Tätigkeit aufnehmen wollen, müssen sich um ihre Absicherung in Bezug auf Krankheit, Alter und Unfall selbst kümmern. Von der Art der selbständigen Tätigkeit hängt es ab, ob u. U. eine Rentenversicherungspflicht besteht. Es gibt außerdem die Möglichkeit, sich freiwillig in der Arbeitslosenversicherung weiter zu versichern. Die notwendigen Mittel müssen im Finanzplan berücksichtigt werden.

Das Existenzgründungsvorhaben muss vor Beantragung von Fördergeldern von einer fachkundigen Stelle begutachtet werden. Hierfür kommen Industrie- und Handelskammern, Handwerkskammer, berufsständische Kammern, Berufsverbände und Kreditinstitute infrage. Als Unterlagen werden typischerweise die Beschreibung des Existenzgründungsvorhabens, der Lebenslauf, die Kapitalbedarfs- und Finanzierungsplanung sowie die Rentabilitäts- und Umsatzvorschau gefordert. Neben den formalen Voraussetzungen, die für den Erhalt des Existenzgründungszuschusses notwendig sind, müssen auch die Kenntnisse und Fähigkeiten zur Ausübung einer selbständigen Tätigkeit nachgewiesen werden.

4.5 Stufe 4: Durchführung der Bewerbungskampagne

Wenn die Klienten die bisherigen Stufen erfolgreich durchlaufen haben, sind sie meist bereits mitten in der Bewerbungskampagne. Denn viele haben den Wunsch, gleich zu Beginn der Outplacementberatung mit Bewerbungen zu beginnen, um sich keine Chance entgehen zu lassen. Das ist auch sinnvoll, denn einerseits wirkt es beruhigend und andererseits können die Klienten dann selbst die Unterschiede feststellen, die eine gezielte und auf effektivem Training basierende Bearbeitung des Arbeitsmarktes bewirkt.

Stufe 4: Durchführung der Bewerbungskampagne	
Ziele	Aufgaben
– Einladungen zu Vorstellungsgesprächen – Feedback zur Kampagne erhalten	– Suchbereich fokussieren – Projektmanagement (Zeitplan, Zielfokus, Dokumentation, Evaluation) – Stellensuche und Bewerbung – Sich vorstellen

Suchbereich fokussieren

Zu Beginn der vierten Stufe sollen sich die Klienten noch einmal deutlich vor Augen führen, für welche ein oder zwei Tätigkeitsbereiche sie sich am meisten interessieren. Diese inhaltliche Konzentration ist wichtig, damit die nachfolgenden Bewerbungen nicht beliebig ausfallen. Eine fokussiertere Suche ist typischerweise erfolgreicher als die breite Streuung von Bewerbungen. Die Fokussierung umfasst die Facetten Tätigkeitsinhalte, Art der Unternehmen, Branche, Ort und organisatorische Einordnung der angestrebten Position. So fanden Zikic und Klehe (2006) bei einer Befragung von 136 Outplacementklienten, die bei der Suche nach einem neuen Job erfolgreich waren, dass die unfokussierte Jobsuche (d. h. Verfolgung sehr vieler Stellenangebote) mit einer negativeren Beurteilung der Qualität ihrer neuen Position (gemessen in verschiedenen Kriterien im Vergleich zur letzten Stelle wie Inhalte, Entgelt, Führung etc. sowie Identifikation mit der Organisation und Kündigungsabsicht) einherging. Hingegen war die detaillierte inhaltliche Karriereplanung und Informationssuche mit einer positiven Einschätzung der neuen Tätigkeit verbunden.

Eine fokussierte Suche ist erfolgreicher

Projektmanagement

Außerdem verlangt eine erfolgreiche Bewerbungskampagne ein gutes Projektmanagement. Das beinhaltet eine detaillierte Zeitplanung der notwendigen Tätigkeiten wie Stellenrecherche, vorbereitete Kontaktaufnahme, Anpassung der Bewerbungsunterlagen, Nachfassaktionen etc. Dafür bietet sich eine elektronische Dokumentation z. B. durch eine Excel-Datei an, in der der aktuelle Status, die weiteren Schritte und die Daten der Wiedervorlage vermerkt werden. Aus dieser Dokumentation kann häufig auch ein erheblicher Teil des persönlichen Zeitplans abgeleitet werden. Erhalten die Klienten Absagen, sollten sie sich die Mühe machen, telefonisch Gründe dafür zu eruieren. Allerdings muss hierbei beachtet werden, dass viele Unternehmen infolge des Allgemeinen Gleichstellungsgesetzes nur sehr zögerlich Informationen preisgeben. Ist es dem Klienten gelungen, durch vorherige Informationsgespräche und eine freundliche Nachfrage zum Stand des Verfahrens eine gute Beziehung zum Ansprechpartner im Unternehmen aufzubauen, ist die Wahrscheinlichkeit höher, bei einer solchen mündlichen Rücksprache nützliche Hinweise zu erhalten.

Dokumentieren und nachhaken

Stellensuche, Bewerbung und Vorstellungsgespräche

Die Hauptaktivität der vierten Stufe besteht darin, Stellen zu recherchieren, sich reaktiv oder initiativ zu bewerben und Vorstellungsgespräche zu führen. Studien haben gezeigt, dass eine hohe Zahl von Bewerbungen die beste Garantie für die Einladung zu Vorstellungsgesprächen und den Erhalt einer neuen Erwerbstätigkeit sind (z. B. Eden & Aviram, 1993; Haari, 1999; Kanfer & Hulin, 1985; Kanfer et al., 2001; Wanberg, Kanfer & Rotundo, 1999). Die Erfahrungen aus den Vorstellungsgesprächen werden mit den Beratern besprochen, erfolgreiche und weniger erfolgreiche Anteile analysiert und die Selbstdarstellung ggf. angepasst. Die Erkenntnisse fließen ebenfalls in die zukünftige Gestaltung der Bewerbungsunterlagen und das weitere Vorgehen bei der Stellensuche ein.

Viele Bewerbungen führen zu vielen Vorstellungsgesprächen

4.6   Stufe 5: Neue Erwerbstätigkeit

Die fünfte Stufe der Outplacementberatung ist dadurch gekennzeichnet, dass die Klienten mit ihrer Bewerbungskampagne erfolgreich waren und Vertragsangebote erhalten. Da das Selbstbewusstsein der Klienten immer noch angeschlagen sein kann, neigen viele dazu, das erste Angebot anzunehmen. Sie befürchten, keine weiteren Chancen auf eine neue Erwerbstätigkeit zu erhalten. Deshalb ist in dieser Phase die Unterstützung durch Berater erneut sehr wichtig.

Nicht zu früh „ja" sagen

Stufe 5: Neue Erwerbstätigkeit	
Ziele	Aufgaben
– Adäquate Wahl treffen – Neuen Job anfangen – Misserfolg vermeiden	– Abgleich von Jobangeboten mit Zielen – Beratung zu Vertragsbedingungen – Vorbereitung auf neuen Job – Ggf. Begleitung durch die Probezeit

Abgleich von Jobangeboten mit den individuellen Berufszielen

Die Beratung bezieht sich zum einen auf die systemische Methodik, indem die Klienten dabei unterstützt werden zu prüfen, inwieweit ein Angebot mit ihren wirklichen Zielen übereinstimmt, die in einer früheren Phase des Outplacements explizit formuliert wurden. Die Prüfung kann zusätzlich durch einen direkten Vergleich der vorliegenden Jobangebote bezüglich verschiedener Kriterien mit ihrem bisherigen Job erfolgen (s. Kasten). Dabei gilt, dass ein Jobangebot nicht unbedingt in jedem Punkt mindestens der vorherigen Tätigkeit entsprechen muss. Die Beschäftigung mit sich selbst während der Outplacementberatung hat den Klienten u. U. deutlich gemacht, dass sie mit verschiedenen Aspekten der bisherigen Tätigkeit nicht zufrieden waren und in diesen Punkten eine Änderung anstreben. Das muss bei dem Vergleich natürlich berücksichtigt werden. Generell gelten Outplacementberatungen jedoch als besonders erfolgreich, wenn ihre Klienten nicht nur möglichst rasch wieder ein Arbeitsverhältnis eingehen, sondern dieses mindestens ebenso gut ist wie das vorherige in Bezug auf Joblevel und Entgelt.

**Kriterien zur Beurteilung von Jobangeboten
(vgl. Burke, 1986; Zikic & Klehe, 2006)**

- Führung durch Vorgesetzte
- Art der Arbeit
- Arbeitszeiten u. a. vertragliche Bedingungen wie Urlaub
- Gelegenheit, Kompetenzen zu nutzen
- Arbeitsbedingungen
- Entgelt
- Zusätzliche (Sozial-)Leistungen
- Arbeitsplatzsicherheit
- Gewerkschaftliche Vertretung
- Entfernung von zu Hause

Beratung zu Vertragsbedingungen

Die Expertenberatung in dieser Stufe bezieht sich auf die Regelungen in Arbeitsverträgen, für deren Einschätzung die Klienten meist nicht genügend Fachkenntnis besitzen. Hier kann es sehr hilfreich sein, Formulierungen und Klauseln in ihrer Bedeutung und Wirkung zu erläutern. Außerdem sollte eine Verhandlungsgrundlage entwickelt werden, mit der die Klienten dann in das Vertragsgespräch gehen. Die Entscheidung, ob die Klienten sich auf die jeweiligen Vertragsbedingungen einlassen möchten oder nicht, liegt natürlich dennoch bei ihnen.

Vorbereitung auf den neuen Job

Ist die Entscheidung für die Annahme eines Vertragsangebots gefallen, so geht es anschließend darum, dass sich die Klienten optimal auf die neue Arbeitsstelle vorbereiten. Aufgrund der negativen Erfahrung des Jobverlusts sind sie oft besorgt, ob sie die neue Position angemessen ausfüllen werden oder erneut mit einer Zurückweisung rechnen müssen. Hierfür ist es sinnvoll, im Vorfeld möglichst detaillierte Informationen über die Tätigkeitsinhalte zu eruieren, ohne jedoch von Mitarbeitern des neuen Unternehmens als übervorsichtig wahrgenommen zu werden.

Frühere Fehler vermeiden

Im Hinblick auf diese Anforderungen erfolgt ein gezieltes Coaching durch die Outplacementberater. Es werden die in der Anfangszeit der Tätigkeit zu erwartenden Situationen, die die Klienten als kritisch wahrnehmen, antizipiert und angemessenes Verhalten dafür vorbereitet. Spezielles Augenmerk wird hierbei auch darauf gelegt, in welchem Ausmaß die Situationen ähnliche Merkmale oder Anforderungen enthalten wie Situationen, in denen es im letzten Job Probleme gegeben hat.

Begleitung während der Probezeit

In Abhängigkeit von der Gestaltung des Outplacementvertrags bieten viele Unternehmen eine Begleitung während der Probezeit im neuen Job an. Durch ein Coaching in den ersten Monaten der neuen Erwerbstätigkeit soll sichergestellt werden, dass die Klienten in ein dauerhaftes Arbeitsverhältnis übernommen werden. In dieser Zeit erhalten die Klienten einen besseren Einblick in Inhalte und Rahmenbedingungen ihrer Tätigkeit. Der Erfolg der Outplacementberatung kann dann zusätzlich anhand der Kriterien Identifikation mit dem Unternehmen, Entwicklungsmöglichkeiten im Unternehmen und Kündigungsabsicht der Klienten beurteilt werden (vgl. Zikic & Klehe, 2006).

5 Fallbeispiel: Gruppenoutplacement bei einem ICT-Dienstleister

Im Folgenden wird ein Gruppenoutplacement beschrieben, bei dem die externe und die interne Durchführung kombiniert wurden. Aus heutiger Sicht ist erwähnenswert, dass zum Zeitpunkt der Realisierung der Maßnahme noch keine finanzielle Förderung durch die Arbeitsagentur vorgesehen war. Allerdings wäre bei den gegebenen Bedingungen der Verfügbarkeit von internen Berater- und Trainerressourcen sowie Räumen auch eine externe geförderte Maßnahme nicht kostengünstiger gewesen.

Ausgangslage

Mitte des Jahres wurde dem Personalmanagement eines Beratungsunternehmens der Informations- und Kommunikationstechnologie die geplante Fusion mit einem anderen ICT-Dienstleister zum Jahresende bekannt. Da die beiden Unternehmen nach der Fusion zum Teil ähnliche Inhaltsgebiete abdecken würden, war zu diesem Zeitpunkt bereits klar, dass der Zusammenschluss mit Personalabbau verbunden sein würde. In der Vergangenheit hatte es bereits mehrere Zukäufe von Unternehmen gegeben. Da der Markt aber noch gewachsen war, waren dadurch nie Arbeitsplätze bedroht. Es würde daher zu Beginn des neuen Jahres zum ersten Mal in der Geschichte des Unternehmens zu Personalabbau kommen. Um die zu erwartende Schockwirkung in der Belegschaft abzufedern, wurde ab Herbst des Jahres geprüft, welche Möglichkeiten des sozialverträglichen Personalabbaus zur Verfügung stehen. In diesem Zusammenhang wurde Outplacement erstmals Thema, Erfahrung damit gab es bis dahin nicht. Es wurden Angebote verschiedener Outplacement- und E-Placement-Anbieter eingeholt, um zu prüfen, welche Arten von Leistungen angeboten werden und mit welchen Kosten diese verbunden sind. Aufgrund der zu erwartenden größeren Zahl zu entlassender Mitarbeiter wurde Gruppenoutplacement als realistischere Alternative im Vergleich zu Einzeloutplacement gesehen. Nach der Fusion wurde zwischen Unternehmensleitung und Betriebsrat ein Sozialplan ausgehandelt, der unter anderem Gruppenoutplacement für die zu entlassenden Mitarbeiter vorsah.

Zum ersten Mal Personalabbau

Kombination von internem und externem Outplacement

Die Angebote waren relativ ähnlich in Bezug auf Inhalte, Methoden, Dauer und Kosten. Der inhaltliche Vergleich zeigte deutlich, dass der Schwerpunkt jeweils auf der Erarbeitung einer Zielvision für die berufliche Zukunft, der Erstellung der Bewerbungsunterlagen und der Vorbereitung auf Jobinterviews lag. Daher wurde geprüft, welche der Outplacementinhalte vom internen Personalentwicklungsteam ausgeführt werden könnten. Für diese Entscheidung wurden außerdem die Ergebnisse der Studie von Kühlmann und Wesenberg (1994) herangezogen, die gezeigt hatte, dass Outplacementteilnehmer selbst im Einzeloutplacement die Erstellung von Bewerbungsunterlagen mit Abstand als nützlichsten Baustein bewertet hatten. An zweiter Stelle folgte die Analyse der beruflichen Ziele. Ganz geringe Bedeutung hatten die Nutzung finanzieller und rechtlicher Angebote sowie die Hilfe bei der Angebotsbewertung. Aufgrund der ausreichenden Kompetenz und Kapazität an Personalentwicklern wurde beschlossen, internes Outplacement mit externem zu kombinieren.

Ähnliche Angebote

Die internen Berater waren alle Mitarbeiter der Personal- und Organisationsentwicklungsabteilung des Unternehmens, Psychologinnen und Psychologen mit Berufspraxis in den Bereichen Personalmarketing, Per-

112

sonalberatung, Personalauswahl sowie strategische Personal- und Organisationsentwicklung. Alle hatten Erfahrung als Trainer.

Da im Sozialplan ein enger Zeitraum für die Outplacements vorgegeben war, wurde außerdem mit zwei externen Beratern eines auf HR-Dienstleistungen spezialisierten Unternehmens, das ebenfalls ein umfangreiches Outplacementangebot auswies, zusammengearbeitet.

Kommunikation des Outplacementangebots

In einem eintägigen internen Workshop, der an verschiedenen Unternehmensstandorten wiederholt wurde, konnten sich die Führungskräfte auf die Trennungsgespräche vorbereiten. Der Workshop wurde von Mitarbeitern des Personalmanagements konzipiert und moderiert. Neben der Vermittlung relevanten Wissens bot er den Teilnehmern die Möglichkeit, ihre Fragen zu klären, Probleme zu diskutieren und das Trennungsgespräch im Rollenspiel zu simulieren.

Vorbereitung der Führungs-kräfte

Inhalte des Trennungsworkshops
– Begrüßung, Darstellung der Ausgangslage und der Ziele des Workshops
– Klärung allgemeiner juristischer Fragen
– Klärung der Aufgaben der Führungskräfte und der Abstimmung mit dem Personalmanagement
– Trennungskultur: Nutzen, Folgen des Fehlens, Schwierigkeiten für Führungskräfte
– Die Situation der betroffenen Mitarbeiter: Reaktionen, Trauerprozess
– Setting des Trennungsgesprächs: Ort, Zeit, Ankündigung
– Gesprächsvorbereitung: Aufbau, Begründung, Trennungspaket, rechtliche Aspekte, Checkliste dazu, Muster Kündigungsschreiben
– Gesprächsablauf: Inhalte, Behandlung von Einwänden, Gesprächsleitfaden, Protokollvorlage
– Rollenspiel Trennungsgespräch mit Feedback: Trainieren verschiedener Gesprächsverläufe
– Umgang mit verbleibenden Mitarbeitern

Die Führungskräfte führten dann im Frühjahr innerhalb von drei Wochen die Trennungsgespräche. Auf Wunsch war während des Gesprächs ein Mitglied des Personalmanagements anwesend. Manche Mitarbeiter zogen ihrerseits ein Betriebsratsmitglied zum Gespräch hinzu. Innerhalb dieses Gesprächs wurde die Trennung mitgeteilt und begründet, es wurden die Bedingungen für einen Aufhebungsvertrag genannt und die Outplacementberatung angeboten. Zu diesem Zweck war zuvor ein Flyer entwickelt worden, der erläuterte, worum es sich bei Outplacement handelt, welche

Leistungen angeboten werden und wie sich die Mitarbeiter für das Outplacement anmelden können.

Die Durchführung

Es wurden deutschlandweit insgesamt sieben Workshops in vier verschiedenen Geschäftsstellen des Unternehmens durchgeführt, davon zwei von
externen und fünf von internen Beratern. Die externen Berater arbeiteten
jeweils allein, die internen bei den größeren Gruppen zu zweit. An Workshops, die von externen Beratern durchgeführt wurden, nahmen insgesamt
7 Workshops
mit 57 Personen 22 Personen teil, 35 an von internen Beratern umgesetzten. Die Workshops
dauerten jeweils 3 Tage und umfassten eine Teilnehmerzahl von 4 bis 13
Personen. Von den knapp 90 Personen, die vom Personalabbau betroffen
waren, melden sich 72 für das Outplacement an. Tatsächlich nahmen dann
57 Mitarbeiter teil. Den übrigen Personen passten alle angebotenen Termine nicht, und zwei Personen wollten unter keinen Umständen an einer
Inhouse-Beratung teilnehmen. Davon beteiligten sich 51 Personen an der
am Ende der 3-Tages-Workshops durchgeführten Evaluation. Diese ergab,
dass das Durchschnittsalter bei 41 Jahren und die durchschnittliche Betriebszugehörigkeit der Teilnehmer bei etwas über 6 Jahren lag. Die Teilnehmer kamen aus neun unterschiedlichen Standorten in Deutschland. Die
Mehrzahl der Teilnehmer waren IT- oder Business Consultants, vereinzelte
Teilnehmer stammten aus den Zentralbereichen wie Marketing, Buchhal-
tung, Sekretariat oder Empfang.

Inhalte der Outplacement-Workshops

Im Folgenden werden die Inhalte der Outplacement-Workshops beschrieben, wie sie von den internen Beratern durchgeführt wurden. Die externen
Berater setzen die gleichen inhaltlichen Schwerpunkte, verwendeten allerdings die Materialien ihrer Unternehmensberatung. Jeder der 3 Tage hatte
einen anderen inhaltlichen Schwerpunkt.

Am Beginn des ersten Tages stand eine Kennenlernphase, denn in einem
Beratungsunternehmen, in dem viele in den Geschäftsräumen der Kunden
arbeiten, kennen sich die Mitarbeiter untereinander z.T. kaum. Danach
ging es darum, zunächst der Vergangenheit und der Trauer um den verlorenen Job Raum zu geben. Es wurden die Emotionen angesprochen, die
mit der Trennung verbunden sind und eine individuelle Sprachregelung für
die Tatsache der Trennung formuliert und geübt. Aufbauend auf einer Analyse der persönlichen Stärken und Wünsche wurde eine Vision für die zukünftige Berufstätigkeit erarbeitet. Hierbei wurde das Konzept des Perso-
Personal
Mastery für
Standortanalyse
und Zielfindung nal Mastery von Senge (2001) zugrunde gelegt, der permanentes Lernen
von Individuen in Organisationen am Konzept für den Außenauftritt von
Unternehmen orientiert, in sechs Teilbereiche strukturiert (s. Kasten auf

S. 116) und damit eine Anleitung zur selbstgesteuerten Entwicklung gibt. Die Berater gaben außerdem Informationen zum Arbeitsmarkt sowie zum Umgang mit Arbeitsamt und Personalberatern. Als Hausaufgabe bis zum nächsten Tag sollten die Teilnehmer einerseits einen Fragebogen zu ihrer Karriereorientierung (Derr, 1986) bearbeiten und außerdem mindestens eine Stellenanzeige im Internet oder in Printmedien suchen, die für sie prinzipiell interessant war. Die Methode der Hausaufgaben wurde bewusst gewählt, um bei den Teilnehmern das Bewusstsein zu stärken, dass die Jobsuche ihre vorrangige Aufgabe der nächsten Wochen und Monate war.

Der zweite Tag hatte neben den Optionen der Selbständigkeit schriftliche Bewerbungen zum Thema. Zum Thema Selbständigkeit wurden Chancen und Risiken, die Möglichkeiten der Ich-AG und andere Voraussetzungen angesprochen. Danach wurde der Karrierefragebogen ausgewertet und die Bedeutung des individuellen Profils diskutiert. Die Berater zeigten Möglichkeiten auf, bei der Jobsuche die individuelle Orientierung zu berücksichtigen. Beim Thema schriftliche Bewerbungen wurde zunächst Input zur Gestaltung von Anschreiben gegeben und es wurden Beispiele auf ihre Wirkung hin analysiert, bevor die Teilnehmer in Kleingruppen möglichst passgenaue Anschreiben zu den mitgebrachten Stellenanzeigen formulierten. Diese Entwürfe wurden diskutiert und gemeinsam optimiert. Anschließend wurde nach demselben Prinzip bei der Konzipierung der Bewerbungsunterlagen vorgegangen. Die Berater gingen auf alle Bestandteile von Bewerbungsunterlagen inkl. der Bedeutung und Interpretation von Arbeitszeugnissen ein. Als Grundlage für die Arbeitsmaterialien dienten einschlägige Publikationen (z. B. Hesse & Schrader, 2002; Weuster & Scheer, 2002). Anschließend erstellten die Teilnehmer ihre eigenen Bewerbungsunterlagen inkl. Qualifikationsprofilen, wie sie bei Beratern üblich sind. Hausaufgabe war die Vervollständigung der Bewerbungsunterlagen.

Bewerbungsunterlagen

Der dritte Tag stellte das Vorstellungsgespräch in den Mittelpunkt. Es wurde auf Abläufe von Interviews (Schuler, 2002), Fragearten und heikle Fragen eingegangen. Nach der gemeinsamen Erarbeitung von individuell passenden Antworten auf Fragen wurden Vorstellungsgespräche in Rollenspielen simuliert und ausgewertet. Den Abschluss des Workshops bildete die intensive zeitliche und inhaltliche Planung des Transfers, d. h. der Aktivitäten, die die Teilnehmer eigenverantwortlich ergreifen wollten, um einen neuen Arbeitsplatz zu finden oder die Selbständigkeit vorzubereiten. Hausaufgabe war, mit der Umsetzung des Planes am kommenden Morgen zu beginnen und den Fortgang der Aktivitäten zu dokumentieren.

Interviewtraining

Jeder Teilnehmer konnte in den kommenden Wochen Beratungsgespräche mit den internen Beratern führen und Feedback zu seinen Unterlagen erhalten. Die Themengebiete des kompletten Workshops sind im Kasten stichwortartig aufgelistet.

Bausteine der Outplacement-Workshops
1. Tag: Umgang mit Stellenverlust, Standortbestimmung, Arbeitsmarkt

- Vorstellungsrunde mit Fokus auf Stärken und beruflichen Erfolgen
- Umgang mit Jobverlust: Trauerprozess, Trennungsversion
- Stärkenanalyse und berufliche Erfolge
- Personal Mastery: Ausgehend von beruflicher Vision ein Selbstmarketingkonzept entwerfen. Die einzelnen Stufen des Konzepts umfassen
  1. Vision / Strategische Ausrichtung / Ziel
  2. Innere Haltung / Selbstbild / Werte
  3. Kernkompetenzen
  4. Selbstorganisation / Arbeitsmethodik
  5. Image / Marktauftritt
  6. Netzwerk / Beziehungsmanagement
- Arbeitsmarkt: Jobbörsen, Internetrecherchen, Personalberatungen, verdeckter Arbeitsmarkt
- Hausaufgabe: Fragebogen zur persönlichen Karriereorientierung bearbeiten, Stellenanzeigen suchen

2. Tag: Selbständigkeit und Bewerbungsunterlagen

- Selbständigkeit: Ich-AG und andere Möglichkeiten, Chancen und Risiken
- Auswertung Karrierefragebogen
- Bewerbungsanschreiben nach dem AIDA-Prinzip: Input, Analyse und Diskussion von Anschreiben, Entwurf eigener Anschreiben für die mitgebrachte Stellenanzeige in Kleingruppen, Wortmülleimer, Präsentation und Diskussion der Anschreiben
- Bewerbungsunterlagen: Input zu Umfang, Inhalten, Aufbau, Formulierung und Gestaltung, Analyse und Diskussion von Bewerbungsunterlagen, Formulierung eigener Lebensläufe und Qualifikationsprofile in Kleingruppen
- Hausaufgabe: eigene Bewerbungsunterlagen vervollständigen

3. Tag: Vorstellungsgespräche und Transfersicherung

- Feedback zur Hausaufgabe
- Vorstellungsgespräche: Ursachen für schlechte Verläufe, klassischer Ablauf von Vorstellungsgesprächen, typische Fragen mit jeweiligem Hintergrund, Entwurf von Antworten anhand einer Fragenliste, Diskussion der Wirkungen
- Rollenspiele zu Vorstellungsgesprächen mit Feedback
- Der Job ist die Jobsuche: Transferplanung, Sammlung der notwendigen Aktivitäten und Erstellung des individuellen Tagesablaufs für die Zeit nach dem Seminar
- Evaluation des Workshops

Nach Abschluss des Workshops
– Individuelle Beratung auf Anfrage zu Bewerbungsunterlagen und Vorstellungsgesprächen sowie vertraglichen Bedingungen

Evaluation der Outplacement-Maßnahme

Jeweils am Ende der dreitägigen Veranstaltung wurden die Teilnehmer gebeten, eine Evaluation des Workshops anhand eines standardisierten Fragebogens vorzunehmen. Von den 57 Outplacement-Teilnehmern nahmen 51 an der Befragung teil. Die Inhalte des Fragebogens orientierten sich stark an den Erkenntnissen der Studie von Kühlmann und Wesenberg (1994), weil u.a. überprüft werden sollte, inwieweit die Ergebnisse des eigenen Gruppenoutplacements mit jenen der Autoren zu Einzeloutplacements übereinstimmten. Um der Skepsis des Betriebsrats gegenüber internen Beratern entgegenzutreten, wurde ein Teil der Auswertungen getrennt für interne und externe Berater vorgenommen. Im Folgenden werden die wichtigsten Ergebnisse der Befragung dargestellt.

Es zeigte sich, dass die Outplacementberatung als nützlich wahrgenommen wurde im Hinblick darauf, die Chancen der Teilnehmer zu erhöhen, bald einen neuen Job zu finden (Abb. 12).

Gruppenoutplacement erhöht die wahrgenommenen Chancen auf einen neuen Job

Bei der Einschätzung der Nützlichkeit der einzelnen Bausteine des Outplacement-Workshops zeigte sich ebenso wie bereits bei Kühlmann und

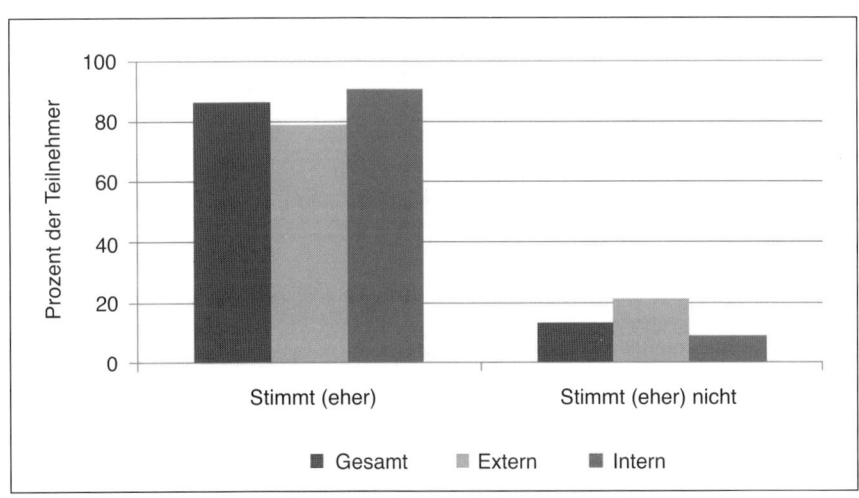

Abbildung 12:
Antworten auf die Aussage „Die Outplacementberatung verbessert meine Chancen, einen Arbeitsplatz zu finden", zusammengefasst nach den beiden zustimmenden und den beiden ablehnenden Antwortoptionen

117

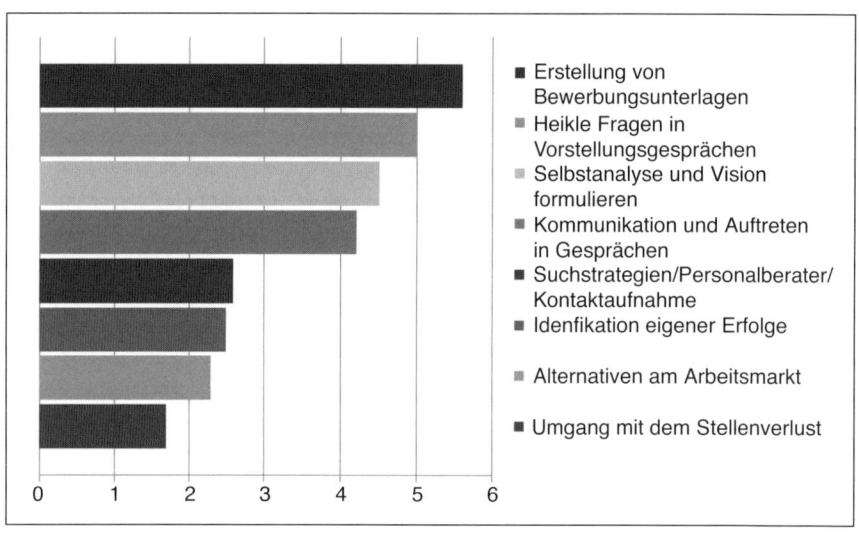

Abbildung 13:

Einschätzung der Nützlichkeit der Bausteine des Outplacement-Workshops

Anmerkung: Dargestellt im durchschnittlichen Rangplatz, der aus Gründen der Anschaulichkeit
invertiert wurde, d. h. Rang 1 wurde in die Bewertung 8 überführt, Rang 2 erhielt
die Bewertung 7 etc.

Bewerbungs-unterlagen sind wichtigster Baustein Wesenberg (1994), dass die Erstellung der Bewerbungsunterlagen als hilfreichste Unterstützung erfahren wird (s. Abb. 13). Auf Platz 2 und 3 folgen die Vorbereitung auf heikle Fragen in Interviewsituationen und die Erarbeitung einer individuellen Vision auf der Basis der Stärken. Platz 4 nimmt allgemein das Verhalten in Gesprächssituationen ein. Die übrigen Bestandteile wurden als weniger wichtig angesehen. Dass die

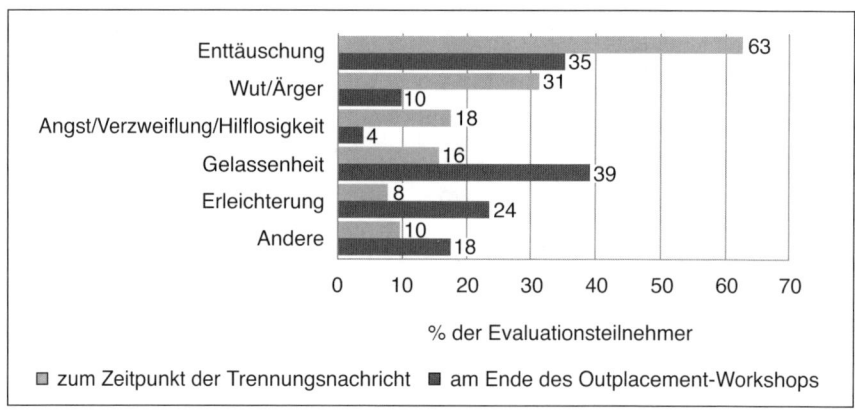

Abbildung 14:

Vorherrschende Gefühle der Teilnehmer zu verschiedenen Zeitpunkten

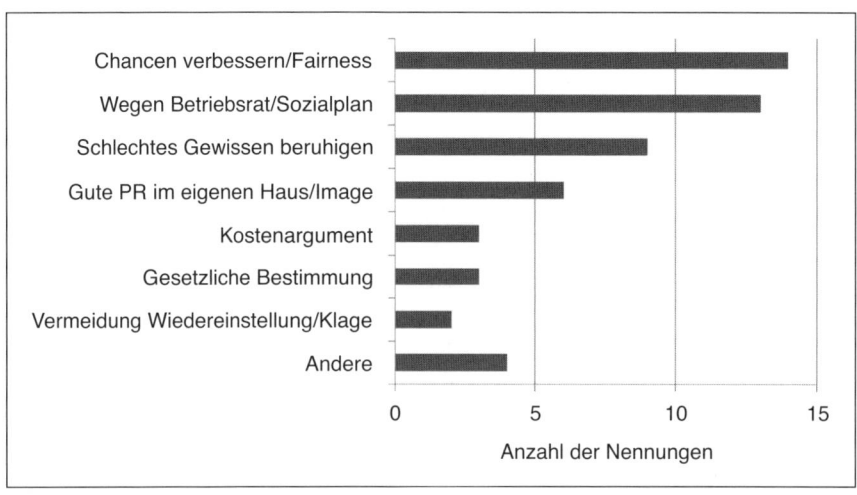

Abbildung 15:
Vermutete Gründe der Teilnehmer für das Outplacementangebot

Erstellung der Bewerbungsunterlagen und der Umgang mit Fragen im Interview (Plätze 1 und 2) als besonders wichtig bewertet werden, ist nicht verwunderlich, da sie gewissermaßen technische Aspekte umfassen und zunächst einmal die Sicherheit der Teilnehmer erhöhen, die nächsten Schritte im Bewerbungsprozess besser bewältigen zu können. Interessant ist hingegen, dass die Teilnehmer darüber hinaus erkannt haben, wie wichtig die Entwicklung eines persönlichen Zieles (Platz 3) ist, bevor mit der Bewerbungskampagne begonnen wird.

Abbildung 14 zeigt, dass zum Zeitpunkt des Erhalts der Trennungsnachricht negative Gefühle vorherrschten. Nach Abschluss des Outplacement-Workshops waren die negativen Gefühle geringer. Dieses Ergebnis stimmt mit den Befunden von Kühlmann und Wesenberg (1994) überein. Allerdings kann nicht unterschieden werden, welcher Anteil der Verbesserung der Gefühlslage auf die Maßnahme und welcher auf das reine Vergehen der Zeit und andere Aktivitäten zurückgeht.

Heilt die Zeit alle Wunden?

Außerdem wurden die Teilnehmer befragt, welche Gründe sie für das Outplacementangebot annahmen. Abbildung 15 macht deutlich, dass die meisten entweder positive Absichten vermuteten oder das Angebot auf den Verhandlungserfolg der Arbeitnehmervertretung zurückführten. Die Befragung von Kühlmann und Wesenberg (1994) ergab, dass der häufigste vermutete Grund die Beruhigung des schlechten Gewissens, der zweithäufigste die Imagepflege war. Diese Gründe stehen bei der eigenen Studie auf den Plätzen 3 und 4.

Positive Absichten vermutet

Die von den Teilnehmern wahrgenommene Kompetenz der Berater wurde über die folgenden vier Items erfasst:

119

1. Der/die Berater steht/stehen auf meiner Seite (und nicht auf Seiten des Arbeitgebers)
2. Der/die Berater ist/sind kompetent
3. Der/die Berater ist/sind vertrauenswürdig
4. Der/die Berater geht/gehen auf Bedürfnisse der Teilnehmer ein

Die Einschätzung der Evaluationsteilnehmer wird in Abbildung 16 über alle vier Items zusammengefasst darstellt. Betrachtet man die beiden positiven Antwortkategorien gemeinsam (stimmt / stimmt eher), so zeigt sich, dass die Kompetenz der internen Berater als ebenso hoch eingeschätzt wird wie die der externen. Allerdings darf nicht vergessen werden, dass die internen Berater zu zweit arbeiteten und auf diese Weise eine höhere Betreuungsintensität gegeben war als bei den allein arbeitenden externen Beratern, die zudem die größeren Gruppen leiteten.

Nachfrage nach Einzelberatungsterminen

Ungefähr ein Viertel der Outplacementteilnehmer nahm in den Wochen nach Abschluss des Workshops eine Einzelberatung bei einem internen Berater in Anspruch. Die Beratungen bezogen sich in erster Linie auf Anschreiben und Bewerbungsunterlagen sowie vertragliche Regelungen.

Die Ergebnisse der Studie machen deutlich, dass selbst ein so kurzes Gruppenoutplacement positive Effekte für die betroffenen Mitarbeiter haben kann.

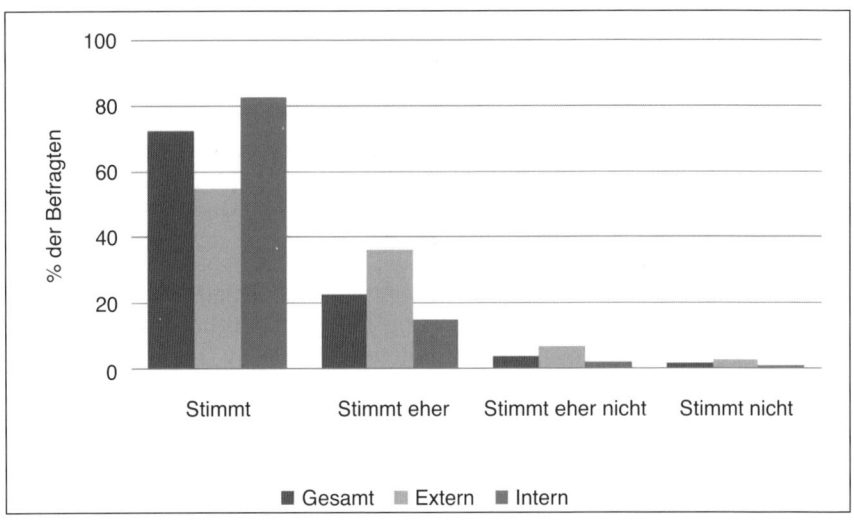

Abbildung 16:
Einschätzung der Beraterkompetenz zusammengefasst über vier Items
(Items siehe Kasten)

6 Literaturempfehlungen

Andrzejewski, L. (2008). *Trennungs-Kultur und Mitarbeiterbindung. Kündigungen fair und nachhaltig gestalten* (3., aktual. u. erw. Auflage). Luchterland.

Berg-Peer, J. (2003). *Outplacement in der Praxis. Trennungsprozesse sozialverträglich gestalten*. Wiesbaden: Gabler.

Heizmann, S. (2003). *Outplacement. Die Praxis der integrierten Beratung*. Bern: Hans Huber.

7 Literatur

Anderson, S. H. (2009). Unemployment and subjective well-being: A question of class? *Work and Occupations, 36*, 3–25.

Andrzejewski, L. (2002). Die Angst des Vorgesetzten vor dem Trennungsgespräch. *Personalführung, 35* (6), 76–84.

Andrzejewski, L. (2008). *Trennungs-Kultur und Mitarbeiterbindung. Kündigungen fair und nachhaltig gestalten* (3., aktual. u. erw. Aufl.). Köln: Luchterland.

Backes, S. & Knuth, M. (2006). Vorstellung des Instrumentes und seiner Geschichte. In S. Backes (Hrsg.), *Transfergesellschaften – Grundlagen, Instrumente, Praxis* (S. 11–48). Saarbrücken: VDM.

Bandura, A. (1977). Self-efficacy: Toward a unifying theory of behavioral change. *Psychological Review, 84*, 191–215.

Bandura, A. (1986). *Social foundations of thought and action*. Englewood Cliffs, NJ: Prentice Hall.

BDU e. V. (2005). Outplacementberatung in Deutschland 2004/2005. Verfügbar unter: http://www.bdu.de/presse_267.html [16.12.2008].

Berg-Peer, J. (2003). *Outplacement in der Praxis. Trennungsprozesse sozialverträglich gestalten*. Wiesbaden: Gabler.

Bergmann, C. (2004). Berufswahl. In H. Schuler (Hrsg.), *Enzyklopädie der Psychologie, Organisationspsychologie 1 – Grundlagen und Personalpsychologie* (S. 343–387). Göttingen: Hogrefe.

Bergmann, C. (2007). Berufliche Interessen und Berufswahl. In H. Schuler & K. Sonntag (Hrsg.), *Handbuch Arbeits- und Organisationspsychologie* (S. 413–421). Göttingen: Hogrefe.

Bergmann, C. & Eder, F. (2005). *Allgemeiner Interessen-Struktur-Test (AIST-R) mit Umwelt-Struktur-Test (UST-R). Revidierte Fassung*. Göttingen: Beltz Test.

Blatt, H.-J., Kriegesmann, B. & Kottmann, M. (2002). Der Transfersozialplan als Alternative zur Abfindung. *Personalführung, 35* (1), 60–65.

Blau, G. (1994). Testing a two-dimensional measure of job search behavior. *Organizational Behavior and Human Decision Processes, 59*, 288–312.

Borkenau, P. & Ostendorf, F. (2008). *NEO-Fünf-Faktoren-Inventar (NEO-FFI)* (2., vollst. überarb. Aufl.). Göttingen: Hogrefe.

Brooks, L. (1994). Neuere Entwicklungen in der Theorienbildung. In D. Brown & L. Brooks (Hrsg.), *Karriere-Entwicklung* (2. Aufl., S. 391–424). Stuttgart: Klett-Cotta.

Brown, D. (1994). Trait- und Faktortheorie. In D. Brown & L. Brooks (Hrsg.), *Karriere-Entwicklung* (2. Aufl., S. 17–41). Stuttgart: Klett-Cotta.

Brown, D. & Brooks, L. (1994). Einführung in die Berufsentwicklung: Ursprung, Evolution und gegenwärtige Theorieansätze. In D. Brown & L. Brooks (Hrsg.), *Karriere-Entwicklung* (2. Aufl., S. 1–14). Stuttgart: Klett-Cotta.

Brown, D. W. & Konrad, A. (2001). Job-seeking in a turbulent economy: Social networks and the importance of cross-industry ties to an industry change. *Human Relations, 54,* 1015–1044.

Buestrich, M. (2005). Beschäftigtentransfer: Aktive Arbeitsmarktpolitik als Personalentwicklung. *Sozialer Fortschritt, 1–2,* 31–38.

Burke, R. J. (1986). Reemployment on a poorer job after a plant closing. *Psychological Reports, 58,* 559–570.

Davy, J. A., Anderson, J. S. & DiMarco, N. (1995). Outcome comparisons of formal outplacement services and informal support. *Human Resources Development Quarterly, 6,* 272–288.

De Jong, P. & Berg, I. K. (2003). *Lösungen (er-)finden. Das Werkstattbuch der lösungsorientierten Kurztherapie* (5., verbess. u. erw. Aufl.). Dortmund: Verlag modernes Lernen.

Derr, C. (1986). *Managing the new careerists.* San Francisco, CA: Jossey-Bass.

Eden, D. & Aviram, A. (1993). Self-efficacy training to speed reemployment: Helping people to help themselves. *Journal of Applied Psychology, 78,* 352–360.

Eilles-Matthiessen, C., Janssen, S., Osterholz-Sauerlaender, A. & El Hage, N. (2008). *Schlüsselqualifikationen kompakt. Ein Arbeitsbuch für Personalauswahl und Personalentwicklung* (2. Aufl.). Bern: Hans Huber.

Faller, M. & Hermann, M. (2003). Soziale Verantwortung und Personalanpassung bei Mergers & Acquisitions. *Personal, 55* (8), 42–45.

Finley, M. & Lee, A. (1981). The terminated executive: It's like dying. *Personnel and Guidance Journal, 59,* 382–384.

Fischer, C. (2001). *Outplacement: Abschied und Neubeginn. Eine Untersuchung zur Qualität der Outplacementberatung.* Dissertation am Fachbereich Erziehungswissenschaften und Psychologie der Freien Universität Berlin.

Fischer, J. & Pelchrzim, H. von (2005). Transfergesellschaften – verdeckte Arbeitslosigkeit oder Brückenschlag in den Arbeitsmarkt? *Personalführung, 38* (4), 62–67.

Flanagan, J. C. (1954). The critical incident technique. *Psychological Bulletin, 54,* 327–358.

Frese, M., Garmann, G., Garmeister, K., Halemba, K., Hortig, A., Pullwitt, T. & Schildbach, S. (2002). Training zur Erhöhung der Eigeninitiative bei Arbeitslosen. Ein Erfahrungsbericht. *Zeitschrift für Arbeits- und Organisationspsychologie, 46,* 89–97.

Frick, B. (2004). Outplacement. In E. Gaugler, W.A. Oechsler & W. Weber (Hrsg.), *Handwörterbuch des Personalwesens* (3., überarb. u. erg. Aufl., S. 1318–1325). Stuttgart: Schäffer-Poeschel.

Gainor, K. A. (2006). Twenty-five years of self-efficacy in career assessment and practice. *Journal of Career Assessment, 14,* 161–178.

Garaudel, P., Noel, F. & Schmidt, G. (2008). Overcoming the risks of restructuring through the integrative bargaining process: Two case studies in a French context. *Human Relations, 61,* 1293–1331.

Goergen, A. (2002). Kündigung auf die sanfte Tour. *Wirtschaftswoche, Nr. 16* vom 11.04.2002, S. 78.

Haari, R. (1999). Was leistet das Gruppen-Outplacement? *Grundlagen der Weiterbildung, 10* (4), 170–173.

Halvorsen, K. (1998). Impact of re-employment on psychological distress among long-term unemployed. *Acta Sociologica, 41,* 227–242.

Hamm, R. (2005). Die volkswirtschaftliche Sicht. In R. Bröckermann & W. Pepels (Hrsg.), *Die Personalfreisetzung: betriebswirtschaftlich – gesellschaftspolitisch – menschlich* (S. 91–101). Renningen: expert verlag.

Hargens, J. (2004). *Aller Anfang ist ein Anfang. Gestaltungsmöglichkeiten hilfreicher systemischer Gespräche.* Göttingen: Vandenhoeck & Ruprecht.

Hayen, R.-P. (2005). Entwicklung der Zeitarbeit in Deutschland. In D. Beck (Hrsg.), *Zeitarbeit als Betriebsratsaufgabe* (S. 7–10). Düsseldorf: Hans-Böckler-Stiftung.

Heizmann, S. (2003). *Outplacement. Die Praxis der integrierten Beratung.* Bern: Hans Huber.

Hellweg, R. & Lamersdorf, H. (2005). Outplacement – Traue keinem Berater unter 35. *Personalwirtschaft, 32* (7), 47–50.

Hesse, J. & Schrader, C. (2002). *Das Hesse/Schrader Bewerbungshandbuch.* Frankfurt a. M.: Eichborn.

Hesse, J. & Schrader, C. (2000). *Handbuch Initiativbewerbung.* Frankfurt a. M.: Eichborn.

Hofmann, W. (2001). Outplacement – Chancen und Potenziale eines Konzeptes gegen drohende Arbeitslosigkeit. In J. Zempel, J. Bacher & K. Moser (Hrsg.), *Erwerbslosigkeit: Ursachen, Auswirkungen und Interventionen* (S. 321–344). Opladen: Leske + Budrich.

Holland, J. L. (1997). *Making vocational choices: A theory of vocational personalities and work environments* (3rd ed.). Odessa, FL: Psychological Assessment Resources.

Hossiep, R. & Paschen, M. (2003). *Bochumer Inventar zur berufsbezogenen Persönlichkeitsbeschreibung (BIP)* (2., vollst. überarb. Aufl.). Göttingen: Hogrefe.

Hossiep, R., Paschen, M. & Mühlhaus, O. (2000). *Persönlichkeitstests im Personalmanagement.* Göttingen: Hogrefe.

Idw (2008). Zeitarbeit – Eine Brücke in den Beruf. Nr. 17. Institut der Deutschen Wirtschaft Köln. Verfügbar unter: http://www.iwkoeln.de/Informationen/Allgemeine Infodienste/iwd/Archiv/2008/2Quartal/Nr17/tabid/2232/ItemID/22098/language/en-US/Default.aspx [01.12.2008].

Jonas, E., Kauffeld, S. & Frey, D. (2007). Psychologie der Beratung. In D. Frey & L. von Rosenstiel (Hrsg.) *Enzyklopädie der Psychologie, Wirtschafts-, Organisations- und Arbeitspsychologie – Wirtschaftspsychologie* (S. 283–324). Göttingen: Hogrefe.

Jonas, M. & Lohaus, D. (2008). *Outplacement – Anbietervergleich.* Unveröffentlichte Studie der Hochschule für Technik Stuttgart, Fakultät Bauingenieurwesen, Bauphysik und Wirtschaft.

Kanfer, R. & Hulin C. L. (1985). Individual differences in successful job searches following layoffs. *Personnel Psychology, 30*, 835–847.

Kanfer, R., Wanberg, C. R. & Kantrowitz, T. M. (2001). Job search and employment: A personality-motivational analysis and meta-analytic review. *Journal of Applied Psychology, 86*, 837–855.

Kieselbach, T. (2001). Wenn Beschäftigte entlassen werden: Berufliche Transitionen unter einer Gerechtigkeitsperspektive. *Wirtschaftspsychologie, 8* (1), 37–50.

Kieselbach, T., Beelmann, G., Mader, S. & Wagner, O. (2006). *Berufliche Übergänge. Sozialer Geleitschutz bei Personalentlassungen in Deutschland.* München: Hampp.

Kirsch, J. & Hendricks, N. (1995). 15 Jahre Outplacement in Deutschland. Wie bewerten Unternehmen diese Dienstleistung. *Personalführung, 28* (11), 964–968.

Kleitsch, H.-P. (2006). Durch Placement zum neuen Arbeitsplatz. *Personalführung, 39* (8), 52–55.

Königswieser, R., Sonuc, E. & Gebhardt, J. (2005). Integrierte Fach- und Prozessberatung. In M. Mohe (Hrsg.), *Innovative Beratungskonzepte* (S. 71–92). Leonberg: Rosenberger Fachverlag.

123

Kratz, A. & Darga, I. (2007). Berater kritisch durchleuchten. *Personalwirtschaft, 34* (5), 38–40.

Kreuscher, R. (2000). Lebenslaufanalyse. *Personalwirtschaft, 27* (10), 64–68.

Kuchenbecker, K.-J. & Schmitt, J. (2005). *Outplacement und Transfergesellschaft. Grundlagen, Chancen, Perspektiven.* Saarbrücken: VDM.

Kübler-Ross, E. (2001). *Interviews mit Sterbenden.* München: Droemer-Knaur.

Kübler-Ross, E. & Kessler, D. (2006). *Dem Leben neu vertrauen: Den Sinn des Trauerns durch fünf Stadien des Verlusts finden.* Stuttgart: Kreuz.

Kühlmann, T. M. & Wesenberg, M. (1994). Outplacement: Die Perspektive der Betroffenen. *Personal, 46* (12), 600–605.

Lambert, M. J. & Barley, D. E. (2002). Research summary on the therapeutic relationship and psychotherapy outcome. In J. C. Norcross (Ed.), *Psychotherapy relationships that work* (pp. 17–21). New York: Oxford University Press.

Lambert, T. A., Eby, L. T. & Reeves, M. P. (2006). Predictors of networking intensity and networking quality among white-collar job seakers. *Journal of Career Development, 32,* 351–365.

Lang-von Wins, T., Mohr, G. & Rosenstiel, L. von (2004). Kritische Laufbahnübergänge: Erwerbslosigkeit, Wiedereingliederung und Übergang in den Ruhestand. In H. Schuler (Hrsg.), *Enzyklopädie der Psychologie, Organisationspsychologie 1 – Grundlagen und Personalpsychologie* (S. 1113–1189). Göttingen: Hogrefe.

Leana, C. R. & Feldman, D. C. (1990). Individual responses to job loss. Empirical findings from two field studies. *Human Relations, 43,* 1155–1181.

Lent, R. W., Brown, S. D. & Hackett, G. (1994). Toward a unifying social cognitive theory of career and academic interest, choice and performance. *Journal of Vocational Behavior, 45,* 79–122.

Lingenfelder, M. & Walz, H. (1989). Struktur und Bewertung von Gruppenoutplacement. *Personal, 41* (7), 258–262.

Lohaus, D. & Habermann, W. (2002). Kosten des Motivationsrückgangs. *Personal, 54* (12), 22–27.

Machwirth, U., Schuler, H. & Moser, K. (1996). Entscheidungsprozesse bei der Analyse von Bewerbungsunterlagen. *Diagnostica, 42,* 220–241.

Mayrhofer, W. (1989). Outplacement – Stand der Diskussion. *Die Betriebswirtschaft (DBW), 49,* 55–68.

Meyer, C. (2007). Umstrukturierungen von Unternehmen. *Arbeit & Arbeitsrecht, 62* (7), 392–395.

Miller, M. V. & Robinson, C. (2004). Managing the disappointment of job termination: Outplacement as a cooling-out device. *Journal of Applied Behavioral Science, 40,* 49–65.

Mitchell, L. K. & Krumboltz, J. D. (1994). Die berufliche Entscheidungsfindung als sozialer Lernprozeß: Krumboltz' Theorie. In D. Brown & L. Brooks (Hrsg.), *Karriere-Entwicklung* (2. Aufl., S. 157–210). Stuttgart: Klett-Cotta.

Mohr, G. & Otto, K. (2007). Erwerbslosigkeit und Wiedereingliederung. In H. Schuler & K. Sonntag (Hrsg.), *Handwörterbuch Arbeits- und Organisationspsychologie* (S. 655–661). Göttingen: Hogrefe.

Mörth, M. & Söller, I. (2005). *Handbuch für die Berufs- und Laufbahnberatung.* Göttingen: Vandenhoeck & Ruprecht.

Mücke, K. (2001). *Probleme sind Lösungen. Systemische Beratung und Psychotherapie – ein pragmatischer Ansatz* (2., überarb. u. erw. Aufl.). Potsdam: Mücke, Ökosysteme-Verlag.

124

Müller, G. F., Garrecht, M., Pikal, E. & Reedwisch, N. (2002). Führungskräfte mit unternehmerischer Verantwortung. *Zeitschrift für Personalpsychologie, 1*, 19–26.

Myritz, R. (2006). Den harten Schnitt besser verkraften. *Personalmagazin*, 2006 (5), 74–76.

Nadig, T. & Reemts Flum, B. (2008). *Entlassung – Entlastung? Outplacement als Brücke zwischen Entscheidern und Betroffenen.* Zürich: Orell Füssli.

Nicolai, W. (2005). Gruppenoutplacement versus Transfergesellschaft. *Arbeit & Arbeitsrecht, 60* (2), 92–95.

Nicolai, W. (2007). Einfluss der Betriebsräte wichtig. *Personalwirtschaft, 34* (8), 34–35.

Nicolai, W. (2008). Neue Tendenzen in der beruflichen Transferberatung. *Arbeit & Arbeitsrecht, 63* (4), 224–227.

o.V. (2008). *VDI-Nachrichten, Nr. 16* vom 18.04.2008, S. 37.

Paul, K. & Moser, K. (2001). Negatives psychisches Befinden als Wirkung und als Ursache von Arbeitslosigkeit: Ergebnisse einer Meta-Analyse. In J. Zempel, J. Bacher & K. Moser (Hrsg.), *Erwerbslosigkeit: Ursachen, Auswirkungen und Interventionen* (S. 83–110). Opladen: Leske + Budrich.

Preiß, A. (2008). Vier von fünf haben wieder eine Arbeit. *Arbeit & Arbeitsrecht, 63* (6), 358–361.

Prior, M. (2006a). *Beratung und Therapie optimal vorbereiten. Informationen und Interventionen vor dem ersten Gespräch.* Heidelberg: Carl-Auer.

Prior, M. (2006b). *MiniMax-Interventionen. 15 minimale Interventionen mit maximaler Wirkung* (6. Aufl.). Heidelberg: Carl-Auer.

Pulte, P. (2005). Die Sicht der juristischen Abwicklung. In R. Bröckermann & W. Pepels (Hrsg.), *Die Personalfreisetzung: betriebswirtschaftlich – gesellschaftspolitisch – menschlich* (S. 42–58). Renningen: expert verlag.

Radatz, S. (2003). *Beratung ohne Ratschlag. Systemisches Coaching für Führungskräfte und BeraterInnen* (3. Aufl.). Wien: Verlag Systemisches Management.

Rausch, S. G. (2004). Qual der Wahl? Erfolgreiches Outplacement. *Arbeit & Arbeitsrecht, 59* (6), 26–28.

Reidl, G.-J. & ter Horst, A. (2004). ePlacement. Kosten sparen bei Personalabbau. *Arbeit & Arbeitsrecht, 59* (2), 24–26.

Reuter, A. (2005). Die Sicht der Familienangehörigen. In R. Bröckermann & W. Pepels (Hrsg.), *Die Personalfreisetzung: betriebswirtschaftlich – gesellschaftspolitisch – menschlich* (S. 79–90). Renningen: expert verlag.

Rocha, C. & Strand, E. B. (2004). Effects of economic policies and employment assistance programs on the well-being of displaced female apparel workers. *Journal of Family Issues, 25*, 542–566.

Rolfs, H. (2001). *Berufliche Interessen. Die Passung zwischen Person und Umwelt in Beruf und Studium.* Göttingen: Hogrefe.

Rosenstiel, L. von (2006). Die Bedeutung von Arbeit. In H. Schuler (Hrsg.), *Lehrbuch der Personalpsychologie* (2., überarb. u. erw. Aufl., S. 15–43). Göttingen: Hogrefe.

Rundstedt, E. von (2004). Kunst der sanften Trennung – Outplacement durch Unternehmen. *Betriebswirtschaftliche Blätter, 53*, Nr. 1, S. 9.

Rundstedt, E. von (2006). Berufliche Neuorientierung und Outplacement. In R. Bröckermann & M. Müller-Vorbrüggen (Hrsg.), *Handbuch Personalentwicklung: Die Praxis der Personalbindung, Personalförderung und Arbeitsstrukturierung* (S. 131–146). Stuttgart: Schäffer-Poeschel.

Sarges, W. (2000). *Management-Diagnostik* (3. Aufl.). Göttingen: Hogrefe.

Schein, E. H. (2006). *Career Anchors. Self Assessment* (3rd ed.). Hoboken NJ: Wiley & Sons.

Schlippe, A. von & Schweitzer, J. (2003). *Lehrbuch der systemischen Therapie und Beratung* (9. Aufl.). Göttingen: Vandenhoeck & Ruprecht.

Schmeisser, W. & Clermont, A. (2007). Sozialplan versus Outplacement: Ein investitions- und nutzenorientierter Vergleich. In W. Schmeisser, A. Clermont, T. R. Hummel & D. Krimphove (Hrsg.), *Einführung in die finanz- und kapitalmarktorientierte Personalwirtschaft* (S. 65–91). München/Mehring: Hampp.

Schmidt, F. L. & Hunter, J. E. (1998). Meßbare Personenmerkmale: Stabilität, Variabilität und Validität zur Vorhersage zukünftiger Berufsleistung und berufsbezogenen Lernens. In M. Kleinmann & B. Strauß (Hrsg.), *Potentialfeststellung und Personalentwicklung* (S. 15–43). Göttingen: Verlag für angewandte Psychologie.

Schmook, R. (2006). Ausgliederung aus dem Berufsleben. In H. Schuler (Hrsg.), *Lehrbuch der Personalpsychologie* (2., überarb. u. erw. Aufl., S. 729–756). Göttingen: Hogrefe.

Schneewind, K. A. & Graf, J. (1998). *Der 16-Persönlichkeits-Faktoren-Test. Revidierte Version (16 PF-R)* Bern: Huber.

Schrader, E. & Küntzel, U. (1995). *Kündigungsgespräche. Über den menschlichen Umgang mit persönlichen Katastrophen.* Hamburg: Windmühle.

Schuler, H. (2000). *Psychologische Personalauswahl. Einführung in die Berufseignungsdiagnostik* (3. Aufl.). Göttingen: Hogrefe.

Schuler, H. (2002). *Das Einstellungsinterview.* Göttingen: Hogrefe.

Schuler, H. (2004). Der Prozess der Urteilsbildung und die Qualität der Beurteilungen. In H. Schuler (Hrsg.), *Beurteilung und Förderung beruflicher Leistung* (2. Aufl., S. 33–60). Göttingen: Hogrefe.

Schuler, H. (2007). Berufseignungstheorie. In H. Schuler & K. Sonntag (Hrsg.), *Handbuch Arbeits- und Organisationspsychologie* (S. 429–440). Göttingen: Hogrefe.

Schuler, H. & Marcus, B. (2006). Biografieorientierte Verfahren der Personalauswahl. In H. Schuler (Hrsg.), *Lehrbuch der Personalpsychologie* (2., überarb. u. erw. Aufl., S. 189–226). Göttingen: Hogrefe.

Schuler, H. & Prochaska, M. (2001). *Leistungsmotivationsinventar (LMI). Dimensionen berufsbezogener Leistungsorientierung. Testmanual.* Göttingen: Hogrefe.

Senge, P. M. (2001). *Die fünfte Disziplin* (8. Aufl.). Stuttgart: Klett-Cotta.

Sparrer, I. (2004). *Wunder, Lösung und System. Lösungsfokussierte systemische Strukturaufstellungen für Therapie und Organisationsberatung* (3. Aufl.). Heidelberg: Carl-Auer.

Steiner, A., Maier, G. & Eisenbach, D. (2004). Vor der Trennung ins Training: Chancen nach der Kündigung. *Personalführung, 37* (6), 54–57.

Stück, V. (2006). Transferkurzarbeitergeld. *Arbeit & Arbeitsrecht, 61* (6), 418–420.

Super, D. D. (1994). Der Lebenszeit-, Lebensraumansatz der Laufbahnentwicklung. In D. Brown & L. Brooks (Hrsg.), *Karriere-Entwicklung* (2. Aufl., S. 211–280). Stuttgart: Klett-Cotta.

Sutrich, O. & Schindlbeck, U. (2005). Es gibt viel zu tun – wer packt mit an? Nachhaltige Beratung als Verbindung von Fach- und Prozessexpertise im Beratungsprozess. In G. Fatzer (Hrsg.), *Gute Beratung von Organisationen. Auf dem Weg zu einer Beratungswissenschaft. Supervision und Beratung II* (S. 269–301). Bergisch Gladbach: Edition Humanistische Psychologie.

Tokar, D. M., Fischer, A. R. & Subich, L. M. (1998). Personality and vocational behavior: A selective review of the literature, 1993–1997. *Journal of Vocational Behavior, 53,* 115–153.

Triller, U. (2002). ePlacement: Outplacement via Internet. *Personal, 54* (5), 38.

Ulich, E. (2005). *Arbeitspsychologie* (6., überarb. u. erw. Aufl.). Stuttgart: Schäffer-Poeschel.

Wanberg, C. R., Glomb, T. M., Song, Z. & Sorenson, S. (2005). Job-search persistences during unemployment: A 10-wave longitudinal study. *Journal of Applied Psychology, 90*, 411–430.

Wanberg, C. R., Hough, L. M. & Song, Z. (2002). Predictive validity of a multidisciplinary model of reemployment success. *Journal of Applied Psychology, 87*, 1100–1120.

Wanberg, C. R., Kanfer, R. & Banas, J. T. (2000). Predictors and outcomes of networking intensity among unemployed job seekers. *Journal of Applied Psychology, 85*, 491–503.

Wanberg, C. R., Kanfer, R. & Rotundo, M. (1999). Unemployed individuals: Motives, job-search competencies, and job-search constraints as predictors of job seeking and reemployment. *Journal of Applied Psychology, 84*, 897–910.

Weinkopf, D. (2005). Personal-Service-Agentur – Ein Weg in die Festanstellung? In D. Beck (Hrsg.), *Zeitarbeit als Betriebsratsaufgabe* (S. 43–47). Düsseldorf: Hans-Böckler-Stiftung.

Weinrach, S. G. & Srebalus, D. J. (1994). Die Berufswahltheorie von Holland. In D. Brown & L. Brooks (Hrsg.), *Karriere-Entwicklung* (2. Aufl., S. 43–74). Stuttgart: Klett-Cotta.

Weiss, V. (2005). Zufriedenheit und Wohlbefinden verbliebener MitarbeiterInnen nach Personalabbau. *Wirtschaftspsychologie, 12* (1), S. 81–92.

Westermann, F. (2007). *Management Audit. Praxisvergleich und Optimierungsmöglichkeiten*. Mering: Hampp.

Weuster, A. (2008). *Personalauswahl. Anforderungsprofil, Bewerbersuche, Vorauswahl und Vorstellungsgespräch* (2. Aufl.). Wiesbaden: Gabler.

Weuster, A. & Scheer, B. (2002). *Arbeitszeugnisse in Textbausteinen* (8. Aufl.). Stuttgart: Boorberg.

Wooten, K. C. (1996). Predictors of client satisfaction in executive outplacement: Implications for service delivery. *Journal of Employment Counseling, 33*, 106–116.

Wübbelmann, K. (2005). *Handbuch Management Audit*. Göttingen: Hogrefe.

Zikic, J. & Klehe, U.-C. (2006). Job loss as a blessing in disguise: The role of career exploration and career planning in predicting reemployment quality. *Journal of Vocational Behavior, 69*, 391–409.